Sammlung Göschen Band 1137

Entwicklungsgeschichte des Pflanzenreiches

Von

Dr. phil. habil. Hans Heil

Mit 94 Abbildungen und einer Tabelle

Zweite Auflage

Walter de Gruyter & Co.

vormals G. J. Göschen'sche Verlagshandlung · J. Guttentag, Verlagsbuchhandlung · Georg Reimer · Karl J. Trübner · Veit & Comp.

Berlin 1950

Archiv-Nr. 11 11 37
Druck Friedrich Wagner, GmbH., Duderstadt
Printed in Germany

Inhaltsübersicht

Inhaltsübersicht

Einleitung.

Die folgende Darstellung soll in die Lehre von der Entwicklungsgeschichte des Pflanzenreiches einführen. Dabei muß eine Reihe von Grundbegriffen aus der Pflanzenkunde vorausgesetzt werden. Doch hat der uneingeweihte Leser Gelegenheit, sich aus den übrigen botanischen und biologischen Bändchen dieser Sammlung Aufklärung zu holen. Selbstverständlich konnten in dem gegebenen knappen Rahmen nur die Hauptentwicklungslinien gezeigt werden. So blieben die kleineren Gruppen und auch die entwicklungsgeschichtlich nicht viel sagenden, sowie die in ihrer Abteilung wenig geklärten Formenkreise kaum oder gar nicht berücksichtigt. Auch die mächtige Entfaltung der bedecktsamigen Pflanzen während des Tertiärs wurde als Sondererscheinung nur knapp gestreift. Für den, der mehr erfahren will, ist ein Verzeichnis des wichtigsten Schrifttums angefügt. Für die Darstellungsweise erschien es dem Verfasser reizvoller, den Leser durch eine Stoffsammlung hindurch zu nachprüfbaren Schlußfolgerungen zu führen, als ihm eine fertige und darum allzu gesichert erscheinende Lehrmeinung vorzusetzen. Auch war er bemüht, nach Möglichkeit unmittelbare Verfahren anzuwenden, d. h. die natürlichen Gegebenheiten zu einem, wenn auch sehr lückenhaften Bilde zusammenzufügen, das die größtmöglichste Wahrscheinlichkeit für sich hat. Von dem Gebrauch mittelbarer Verfahren wurde weitgehend abgesehen. Zu diesen rechnet der Verfasser die Anwendung sogenannter „Gesetze", die aus dürftigem Tatsachenmaterial abgeleitet werden und dann rückläufig zur Schließung von Lücken häufig mit zweifelhafter Berechtigung in breiter Verallgemeinerung herhalten müssen. Hierzu zählen z. B. das Biogenetische Grundgesetz von Müller und Haeckel (Individualentwicklung = abgekürzte Wiederholung der Stammesentwicklung), das umstrittene Irreversibilitätsgesetz von

Dollo (Nichtumkehrbarkeit der Stammesentwicklung; entwicklungsgeschichtlich verschwundene Organe können nicht mehr auf demselben Wege wiedergebildet werden). So wertvoll diese Erkenntnisse für den auf zoologischem Gebiet arbeitenden Forscher geworden sind, so wenig kann bis jetzt der Botaniker damit anfangen, obgleich sich auch im Pflanzenreich Beispiele dafür finden lassen (vgl. S. 81, 81, 87).

Für die Bebilderung wurden außer einigen Urbildern vor allem weniger gut erreichbare Abbildungen herangezogen (Quellenverzeichnis S. 132). Sowohl die für die ausgestorbenen Pflanzen reichlich gegebenen Bildversuche (Rekonstruktionen) als auch die Stammbaumentwürfe müssen stets als Wahrscheinlichkeitsdarstellungen aufgefaßt werden, die sich mit neuen Erkenntnissen jederzeit mehr oder weniger ändern können. Selbstverständlich lag es nicht im Rahmen dieser Arbeit, die Frage nach der Entstehung der ersten Pflanzen oder gar des Lebens zu behandeln. Es sollte lediglich an Hand der erdgeschichtlichen Überlieferungen und der heute erkennbaren wirksamen Kräfte und Lebenserscheinungen der Entwicklungsgeschichte oder Stammesgeschichte (= Phylogenese) des Pflanzenreiches nachgespürt werden.

I. Beziehungen zwischen den Pflanzen unserer Gegenwart.

Ist es uns möglich, aus der Pflanzenwelt der Gegenwart mit ihrer ungeheuren Formenfülle und der so weitgehenden Verschiedenartigkeit der Lebensleistungen irgendwelche Erkenntnisse zu gewinnen, die uns erlauben, ihre durch Jahrmillionen ablaufende Entwicklungsgeschichte zu enträtseln?

Wir wollen versuchen, uns die Beiträge dazu so zu verschaffen, daß wir zunächst einmal Ähnliches zusammenstellen und Ungleiches trennen. Damit stehen wir aber schon vor einer recht erheblichen Schwierigkeit. Nach welchen Gesichtspunkten soll eine solche Zusammenstellung erfolgen? Kann sie sich einfach nach den gröbsten äußeren Erscheinungen richten? Dann kämen wir nicht weiter als die Verfasser der frühesten deutschen Kräuterbücher. So hat z. B. Hieronymus Bock 1560 die ihm bekannten Pflanzen, — es waren 567 —, nach ihrer Wuchsform angeordnet: die ersten beiden Teile seines in Straßburg erschienenen Werkes handeln von den eigentlichen Kräutern, der dritte von den Sträuchern und Bäumen. Um für unsere Betrachtungen eine möglichst breite Plattform zu gewinnen, dürfen wir uns nicht auf einen — und damit einseitigen — Standpunkt festlegen. Wir müssen unsere Aufgabe von den verschiedensten Seiten her in Angriff nehmen.

1. Aehnliche Glieder in Pflanzengesellschaften.

Das Natürlichste dazu scheint zu sein, daß wir uns draußen im Lebensraum der Pflanzen umsehen und dabei einerseits nach Ähnlichkeiten, andrerseits nach Verschiedenheiten in den frei entstandenen Pflanzengesellschaften suchen. Schon in unserer nächsten Umgebung finden wir eine bestimmte Ordnung in der Natur. Im Gebirge lassen sich Pflanzengesellschaften der Felsen mit den Erstbesiedlern von denen der Schutthalden oder der Gebirgswä der deut ich un'erscheiden. Die Pflanzenformen, die hingegen das Wasser bewohnen, weisen — miteinander verglichen — ebenso deutliche Aehnlichkeit auf wie etwa die Besiedler des Flachmoores unter sich oder gar diejenigen des Hochmoores oder der Heide mit ihren zahlreichen Zwergformen und Einrichtungen gegen die austrocknenden Winde. Vielleicht noch deutlicher erscheint uns die weitgehende Übereinstimmung in Form und Leistung an den Mitgliedern der größeren pflanzengesellschaftlichen Einheiten, die wir bei einer Wanderung vom Pol zum Gleicher antreffen können. Da kommen wir aus der vegetationslosen Eiswüste in die Tundra mit ihren kleinen kältebeständigen Bodengewächsen, den Flechten, Moosen und den weithin die Erde überziehenden Zwergsträuchern der Polarweide. Jenseits der Baumgrenze entwickelt sich dann der nordische Nadelwald, der in den gemäßigten Gebieten von einem ganz anderen Typus, dem sommergrünen Laubwald, abgelöst wird. Nun kann sich — wie um das Mittelmeer — die Gesellschaft der Hartlaubgehölze, auch immergrüne Laubhölzer genannt, anschließen. Südlich davor liegt dann ein Gürtel von wiederum ganz anderem Gepräge, die Steppe mit vorherrschendem Graswuchs. Lockergestellte Bäume, z. B. die Schirmakazien und Affenbrotbäume Afrikas, verändern den Steppencharakter zu dem der Baumsteppe oder Savanne und leiten bald durch dichteren Wuchs zu dem in sich geschlossenen, von außen her einheitlich erscheinenden tropischen Regenwald über.

Leicht könnte man verführt sein, irgendwelche stammesgeschichtlichen Beziehungen zwischen den einzelnen Mitgliedern einer solchen einheitlich erscheinenden Pflanzengesellschaft anzunehmen. Untersuchen wir daraufhin einmal die Hartlaubpflanzen des Mittelmeergebietes. Als Beispiele seien genannt: der Ölbaum (*Olea europaea*) (Abb. 1), verschiedene Hartlaubeichen wie Steineiche (*Quercus Ilex*), Kermeseiche (*Quercus coccifera*) (Abb. 4) und Korkeiche (*Quercus Suber*), Oleander (*Nerium Oleander*) Lorbeer (*Laurus nobilis*), Myrte (*Myrtus communis*), Ziströschen (verschiedene *Cistus*-Arten). Solche Hartlaubhölzer (= Sklerophyllen) — und nicht nur die genannten des Mittelmeergebietes, sondern auch die Süd- und Westaustraliens (Abb. 3, 6), Chiles, die meisten Hartlaubgehölze Kaliforniens (Abb. 2, 5) und viele des Kaplandes — stimmen in einer großen Reihe von Merkmalen überein, die auch dem flüchtigen Beobachter auffallen. Wir treffen dort keine hohen Wuchsformen, sondern niedrige, knorrige Bäume oder Sträucher an, die in dichten Beständen waldartige Gesellschaften bilden. Die nie übermäßig großen, ja meist ziemlich kleinen Blätter sind in der Regel langgestreckt, einfach und ganzrandig, ab und zu stachelrandig. Ihre

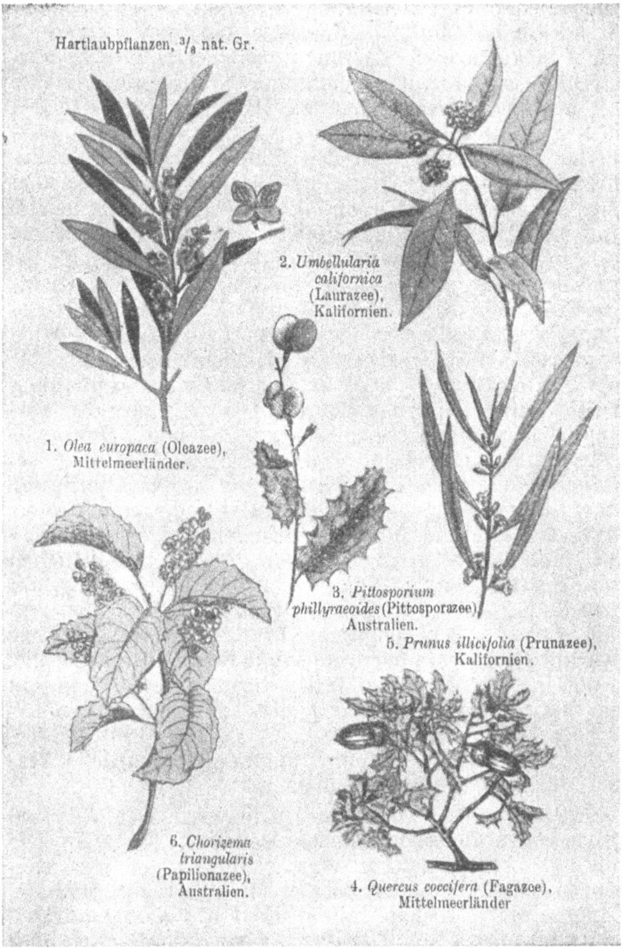

Abb. 1 – 6. Parallelgestaltung

Oberflächen entbehren der bei Gewächsen trockener Standorte so häufigen Haarfilze, sie sind aber auch nicht lackglänzend, oder nur in selteneren Fällen glanzglatt. Meist handelt es sich um bläulichgrüne, matte, oft mit Drüsenhaaren besetzte Blattflächen. Im Innern dieser Blätter fehlen durchweg wasserspeichernde Zellen, wie wir sie von den Fettpflanzen, den Sukkulenten, her kennen. Ebenso ist das Durchlüftungssystem durch geringe Ausbildung der Zwischenzellräume (= Interzellularen) nur schwach entwickelt. Dagegen bedingen sowohl die Dickwandigkeit sämtlicher Zellen und die häufige Ausbildung von Stein- und Fasergewebe (=Sklerenchym), als auch die auffallend starke Entwicklung der Kutikula, also der die Oberhaut abschließenden wachsartigen Schicht, den festen, lederartigen Charakter der Blätter. Diese zwar oft so überraschende Ähnlichkeit reicht aber dennoch nicht aus, um zwischen den verschiedenen Pflanzenformen einer solchen Pflanzengesellschaft irgendwelche stammesgeschichtlichen Beziehungen annehmen zu dürfen. Schon in der Anordnung der Blätter am Stamm bestehen grundlegende Unterschiede. Während Ölbaum, Oleander und Myrte gegenständige Blätter besitzen, stehen diejenigen der Eichen und des Lorbeers in Spiralen, also wechselständig, um den Stamm. Erst recht verschieden sind die Blüten und die Früchte der genannten Pflanzen, sowohl in der Anzahl als auch in der Anordnung ihrer einzelnen Teile. Auch in entscheidenden Teilen ihrer Feingestaltung und in ihren Lebensäußerungen, also in ihrem physiologischen Verhalten, enthüllen sich so auffallende Unterschiede, daß man an eine stammesgeschichtliche Verwandtschaft nicht glauben kann.

Ebenso würde eine Untersuchung an den Gliedern irgendeiner anderen Pflanzengesellschaft ausfallen. Die untergetaucht lebenden Wasserpflanzen zeichnen sich durch eine Reihe gemeinsamer Merkmale aus: schlaffe, langgestreckte Stengel mit in der Mitte gelegenem Verstärkungs- und Leitungsstrang, zarte, dünnflächige und darum durchsichtige Blätter aus nur wenigen Zellschichten, Fehlen von Spaltöffnungen. Andererseits besitzen diese submersen (lat. *sub* = unterhalb, lat. *mergere* = tauchen) Gewächse genug wesentliche Unterschiede, die ihre verschiedenartige stammesgeschichtliche Herkunft erkennen lassen.

Überall im Pflanzenreich stoßen wir auf solche Parallelerscheinungen in der Entwicklung bestimmter Merkmale. Bei einigen Pflanzen aus verschiedenen Verwandtschaftskreisen geht die äußere Ähnlichkeit sogar so weit, daß man die Formen bei flüchtiger Betrachtung glatt miteinander verwechseln kann. Sehr groß ist diese morphologische (gr. *morphe* = Gestalt) Übereinstimmung zwischen gewissen Arten der in Amerika beheimateten Kakteen und sukkulenten Formen afrikanischer Wolfsmilchgewächse (Euphorbiazeen). Merkwürdig ist dabei, daß sowohl die kugelförmigen als auch die säulenförmigen Doppelgänger besitzen. So hat der aus Paraguay stammende *Echinocactus Mihanovichii* (Abb. 9) eine verblüffende Ähnlichkeit mit *Euphorbia valida* (Abb. 10) aus Südafrika. Aus der großen Reihe von Beispielen aus der Gruppe der Säulen- und Kandelaberformen sei hier nur der säulenförmige, jedenfalls aus Brasilien stammende *Cereus euphorbioides* (Abb. 7) der südafrikanischen *Euphorbia Beaumieriana* (Abb. 8) gegenübergestellt. Aber auch in anderen Pflanzengruppen kommen solche Doppelgänger vor. Zum Verwechseln ähnliche Gestalten finden wir z. B. unter den Kakteen, den Asklepiadazeen und den Kompositen: Die Komposite *Senecio stapeliaeformis* sieht einerseits Vertretern der südafrikanischen Gruppe *Stapelia* ähnlich, erinnert aber andrerseits auch an gewisse Kakteen wie z. B. an *Cereus Spegazzinii* aus Nordargentinien und Paraguay. Um noch ein Beispiel von einem ganz anderen Typ anzuführen, soll auf die eigenartige Ähnlichkeit zwischen der Asklepiadazee *Caralluma mammillaris* (Abb. 11) und der Komposite *Othonna* (= *Senecio*) *Herrei* (Abb. 12) hingewiesen werden.

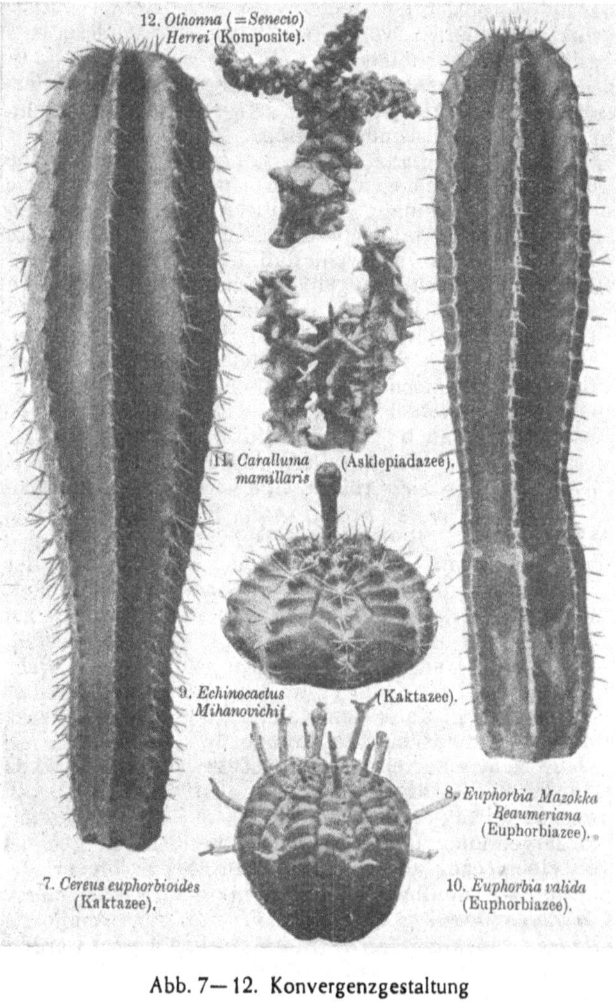

Abb. 7—12. Konvergenzgestaltung

Bei allen diesen Formen handelt es sich keineswegs um Stammesverwandtschaft. Und wenn wir bei der Einordnung dem trügerischen Äußeren der vegetativen Teile zum Opfer gefallen wären, dann müßten wir unseren Irrtum in dem Augenblick einsehen, in dem die Pflanze ihre Blüten zeigt. Abgesehen davon, daß auch eine nähere Beschäftigung mit ihrem Feinbau zu grundlegenden Unterschieden führen würde. Es handelt sich hierbei um eine Erscheinung, die man als Konvergenz bezeichnet, d. h. um eine Ähnlichwerdung von Merkmalen an Lebewesen aus verschiedenen Verwandtschaftskreisen. Diese Befähigung, besondere und eigentümliche Merkmale auszugestalten, kann für den Lebenskampf solcher Wesen von Bedeutung werden. Wasserspeichernde Gewebe, die Ursache der Sukkulenzerscheinung, und Verkleinerung der wasserabgebenden Oberfläche, im Idealfall also Kugelform, lassen eine Entwicklung noch an Standorten zu, die wegen ihres Wassermangels oder unregelmäßiger Wasserzufuhr für andere Pflanzen einfach unbewohnbar sind. Kein Wunder, daß dann ähnliche Formen ähnliche Standorte bewohnen: die Kakteen die Wüstensteppen Amerikas; diejenigen Wolfsmilchgewächse, die die Fähigkeit zur selben Ausgestaltung in sich tragen, die klimatisch ähnlichen Gebiete Afrikas. Und aus dem gleichen Grunde finden sich im Mittelmeergebiet alle die Pflanzen zusammen, die vermöge ihrer Fähigkeiten sich am besten mit dem Klima der Mittelmeerländer abfinden. Ein idealer Typ hierfür ist das Hartlaubgehölz.

Andererseits ist auch verständlich, daß bestimmte Verwandtschaftsgruppen besonders viele ähnlich ausgestaltete und auch mit ähnlicher physiologischer Leistungsfähigkeit ausgestattete Formen hervorzubringen vermögen. Solche Formen werden dann imstande sein, gleiche oder ähnliche Lebensräume zu besiedeln. So ist die Steppe die Landschaft der Gräser aus den verschiedensten Gattungen und Arten. Aber auch der Typ der

Zwiebelpflanzen ist für die Steppe geeignet, also finden wir dort ebenfalls eine ganze Reihe von Gewächsen, die imstande sind, Zwiebeln zu entwickeln wie z. B. recht viele Liliengewächse. Hier trifft es sich tatsächlich, daß wir gestaltlich ähnliche Arten aus derselben Pflanzengesellschaft als stammesgeschichtlich verwandt bezeichnen dürfen.

Aus unserer Betrachtung haben wir klar erkennen müssen, daß es uns nicht ohne weiteres möglich ist, aus dem unmittelbaren Vergleich der Glieder einer Pflanzengesellschaft, oder wie wir auch sagen könnten, einer Haushaltsgemeinschaft, für unsere entwicklungsgeschichtliche Untersuchung Nutzen zu ziehen. Aber eines haben wir dabei gelernt, und darum sei die Behandlung dieser Fragen mit Absicht vorausgestellt, nämlich, daß wir bei der Prüfung von Verwandtschaftsverhältnissen äußerst vorsichtig zu Werke gehen müssen, um nicht der Erscheinung der Konvergenz zum Opfer zu fallen. Wir werden später sehen, daß es außer morphologischer Konvergenz, wie wir sie vorhin kennengelernt haben, auch physiologische Konvergenz oder wenigstens Parallelerscheinungen gibt. Damit können sich aber unseren entwicklungsgeschichtlichen Untersuchungen ungeahnte Schwierigkeiten in den Weg stellen.

2. Gleiche Gestaltungspläne bei System-Gruppen.

Da die durch die Umwelt bedingte Ordnung nach Leistungsfähigkeit — um eine solche handelt es sich bei den Pflanzengesellschaften im wesentlichen — uns unserem Ziele, nämlich der Erkenntnis entwicklungsgeschichtlicher Zusammenhänge, nicht näherbringen kann, sind wir gezwungen, nach anderen Ordnungsprinzipien zu suchen. Dabei stoßen wir auf ein seit langem geübtes und auch bewährtes Verfahren, nämlich auf die Zusammenstellung von Lebensformen auf Grund ihrer ähnlichen Gestaltungspläne[1]). Es gehört hier nicht zu unserer Aufgabe, den Begriff des Gestaltungsplanes etwa als einer *a priori* bestehenden Idee oder als einer auf Grund von inneren und äußeren Kräften sich nachträglich herausgebildeten Erscheinung, die in der Stammesentwicklung nach einer Art Trägheitsgesetz weiterschwingt, zu untersuchen. Wir wollen zunächst so schlicht wie das einem unvoreingenommen denkenden und mit dem Kosmos verbundenen Menschen noch irgend möglich ist, unmittelbar Stoff sammeln für unsere vorgelegte Frage. Und da sei unter Gestaltungsplan verstanden: die immer wiederkehrende Ordnung nach Zahl und Stellung der Organe oder Organteile. Solche Gestaltungspläne entdecken wir sowohl für die gesamte Pflanze als auch für ihre einzelnen Teile. Besonders auffallend und ausgeprägt offenbaren sie sich uns in den Blüten, die vor allen anderen Organen immer wieder den Systematikern ihre Arbeit ermöglichten. So gründete sich zunächst — und bis vor etwa 70 Jahren ausschließlich — die Einteilung der Pflanzen und die Aufstellung eines Pflanzensystems auf den morphologischen Vergleich. Ein solches System hat zunächst mit stammesgeschichtlichen Erwägungen gar nichts zu tun. Es dient lediglich einer von uns aus ordnenden Schau, einer Übersicht über die schier unfaßbare und darum verwirrende Vielheit der Formen. Wieder rückwirkend gestattet ein solches System nachträglich die Bestimmung in ihm aufgeführter Pflanzen. Es wird dann — in zweckentsprechender Umarbeitung — zur

[1]) Das Wort „Bauplan" sollte ebenso vermieden werden wie das Wort „Baustein" als bildhafter Ausdruck für Zelle. Ein Lebewesen baut nicht wie der Maurer mit Steinen, indem es Zelle mit Zelle verbindet (von pseudo(!)-parenchymatischen Geweben abgesehen), sondern gestaltet aus der befruchteten Eizelle (= Zygote), oder aus der Spore heraus. Die Zelle ist entweder Gestaltungs-(= Entwicklungs-)Quelle (Bildungszellen) oder Entwicklungsergebnis (Dauerzellen). Das Bild von Bausteinen ist hier falsch und für die Erfassung der Lebensvorgänge irreführend. Auch für die Erfassung der Entwicklungsgeschichte des Einzel-Lebewesens (= Ontogenese) muß an die Stelle des synthetischen Denkens das genetische Denken treten.

Bestimmungstabelle. Solche Übersichtssysteme schufen die Franzosen Pierre Magnol (1638—1715) und Joseph Pitton de Tournefort (1656—1708) sowie der Meister der diagnostischen Pflanzenbeschreibung, der Schwede Karl von Linné (1707—1778).

Während Tournefort sein System nur auf die Form der Blumenkrone aufbaute, verwendete Linné zu seinem künstlichen System die Verschiedenheit der Zahl und die Unterschiede in der Art der Verwachsung und Stellung der Staubblätter (= *stamina*) und Fruchtblätter (= Karpelle) in der Blüte. Da diese in Wirklichkeit sporenliefernden Organe zur Zeit Linnés als Geschlechtsorgane angesehen wurden, bezeichnete man Linnés System auch als Sexualsystem. Er unterschied 24 Klassen, von denen er 23 den Phanerogamen, also den Blütenpflanzen, widmete, während er sämtliche Kryptogamen, also Farne, Moose, Pilze, Algen und Flechten, in der 24. Klasse unterbrachte. Die elf ersten Klassen sind lediglich nach der Anzahl der Staubblätter aufgestellt: I. *Monandria* (= Einmännige, d. h. mit einem Staubblatt), II. *Diandria* (=Zweimännige), III. *Triandria* (= Dreimännige) usw.

Wenn auch hier schon gezählt wird und — wie bei den höheren Klassen — Stellungs- und Längenverhältnisse beachtet werden, so kann man bei solchen auf einseitig herausgegriffene Merkmale gegründeten Zusammenstellungen noch nicht von der Erfassung der Gestaltungspläne sprechen. Derartige Systeme trennen, — und das war Linné auch schon klar bewußt —, Formen, die in irgend welchem organischen Zusammenhang stehen. So treffen wir Rosazeen (= Rosengewächse) in der I. (*Alchemilla*), IV. (*Sanguisorba*), XI. (*Agrimonia*), XII. (Steinobst, Kernobst, *Spiraea, Rosa, Rubus, Potentilla*-Gruppe), XXI. (*Poterium*) und XXII. (*Aruncus*) Klasse. Andrerseits geraten bei solchen für den praktischen Gebrauch der Pflanzenbestimmung fraglos gut verwendbaren Systemen allerlei Pflanzen aus den verschiedensten natürlichen Gruppen in eine

Abteilung zusammen. Linnés VI. Klasse umfaßt: *Berberis, Lysimachia thyrsiflora, Lythrum Hyssopifolia, Peplis,* Amaryllideen, Smilazeen, Liliazeen, Junkazeen, *Acorus, Rumex, Polygonum, Elatine hexandra, Elodea, Triglochin, Scheuchzeria, Alisma.*

Der Gestaltungsplan einer Blüte tritt erst dann klar zutage, wenn man alle ihre Teile berücksichtigt, und zwar sowohl der Zahl als auch der Stellung, d. h. den gegenseitigen Lageverhältnissen nach. Ein solcher Gestaltungsplan prägt sich am besten aus im Blütengrundriß, dem Blütendiagramm. Die Erforschung und Darstellung dieser Grundrisse erreichte ihren Höhepunkt in den Arbeiten A. W. Eichlers (1839—1887), der uns sein wertvolles zweibändiges Werk „Blütendiagramme" hinterließ. Solche Diagramme zeigen außer der Anzahl der Blütenteile, ob eine Blüte choripetal (gr. *choris* = getrennt, gr. *petalon* = Kronblatt) (z. B. Abb. 14b) oder sympetal (z. B. Abb. 14a), also getrenntkronblättrig oder verwachsenkronblättrig ist, ob sie heterochlamydeisch (gr. *heteros* = verschieden, gr. *chlamys* = Mantel, Blütenhülle) oder homöochlamydeisch (gr. *homoios* = gleich) ist, d. h. ob sich Kelch- und Kronblätter unterscheiden lassen oder ob sie gleichartig ausgebildet sind wie bei dem Perigon (gr. *peri* = um ... herum, gr. *gonos* = Zeugungsglied) der Tulpe, oder ob überhaupt keine Blütenhülle vorhanden ist, wie bei den achlamydeischen Blüten des Pfeffers oder der Weiden. Im Diagramm läßt sich ebenso die Verwachsung der Kelch-, Staub- und Fruchtblätter darstellen. Weiter die Anordnung der Blütenteile um die Achse, ob schraubig wie bei den männlichen Koniferenblüten und denen vieler Nymphäazeen (= Seerosengewächse), den Ranunkulazeen (= Hahnenfußgewächse), den Magnoliazeen, oder wirtelig, d. h. in Kreisen (zyklisch) wie bei den Rosazeen und den allermeisten Blütenpflanzen. Auch die Aestivation, die Knospendeckung, kommt im Diagramm deutlich zum Ausdruck. Die Ränder der Kelch- oder Kronblätter eines Kreises

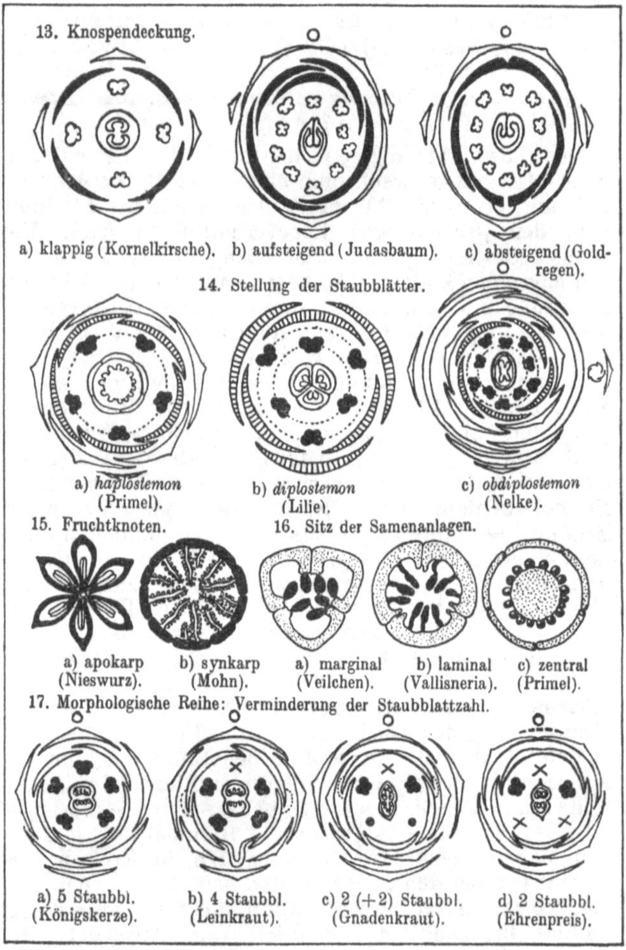

Abb. 13—17. Gestaltungspläne

können in der Knospe in der verschiedensten Weise übereinandergreifen, sich decken, oder sich auch nur berühren. Im letzten Falle spricht man von klappiger Ästivation (Abb. 13a), im ersten kann das Übereinandergreifen ganz verschieden erfolgen: gedrehte Knospendeckung (z. B. Gentianazeen = Enziangewächse), aufsteigende (Caesalpiniazeen) (Abb. 13b) und absteigende (Papilionazeen = Schmetterlingsblütler) (Abb. 13c) Knospendeckung. Ganz besonders klar erscheinen die Symmetrieverhältnisse der Blüten. Entweder sind sie regelmäßig (strahlig, radiär, aktinomorph), ihre entsprechenden Teile sind gleich gestaltet wie bei den Nelken, Rosen und Lilien (z. B. Abb. 14b), oder zweiseitig symmetrisch (zygomorph) (z. B. Abb. 13c, 17b—d), d. h. nur durch eine Symmetrieebene in zwei spiegelbildgleiche Hälften zu teilen wie beim Rittersporn, beim Veilchen und bei der Taubnessel.

Von Bedeutung sind weiterhin die Anzahl der Kreise, in denen die Blütenteile angeordnet sind, und ihre gegenseitigen Lageverhältnisse. Gewöhnlich stehen die Glieder des nächstinneren Kreises in den Lücken derer des äußeren. Sehr häufig sind fünf Kreise ausgebildet: ein Kreis Kelchblätter (*sepalae*), ein Kreis Kronblätter (*petalae*), zwei Kreise Staubblätter (*stamina*) und ein Kreis Fruchtblätter (Karpelle). Manche Blüten wie z. B. die der Veilchen (Violen), der Lippenblütler (Labiaten), der Rauhblättler (Borragineen), der Primelgewächse (Primulazeen) (Abb. 14a) besitzen nur einen Kreis von Staubblättern. Solche Blüten heißen haplostemon (gr. *haplos* = einfach, gr. *stemon* = Faden) im Gegensatz zu den diplostemonen (gr. *diplos* = doppelt) mit zwei Staubblattkreisen (Abb. 14b). Bei einer Anzahl von Pflanzen, — dazu gehören z. B. die Steinbrechgewächse (Saxifragazeen), einige Nelkengewächse (Karyophyllazeen) (Abb. 14c) und die meisten Storchschnabelgewächse (Geraniazeen) —, stehen die Staubblätter des äußeren Kreises nicht in den Lücken der Kronblätter, sondern vor denselben. Die inneren Staubblätter wechseln aber auch hier regelmäßig mit den äußeren ab, so daß die beiden Staubblattkreise gegenüber der Regel gerade umgekehrt (lat. *ob-*) stehen: obdiplostemone Blüten.

Wenn wir das Diagramm einer Tulpe oder eines anderen Liliengewächses mit dem eines Schneeglöckchens oder eines anderen Amaryllisgewächses vergleichen, finden wir vollkommene Übereinstimmung. Und doch besteht in den Gestaltungsplänen dieser Blüten ein wesentlicher Unterschied, zu dessen Darstellung das Diagramm nicht ausreicht. Der aus den Karpellen, also dem innersten Organkreis, gebildete Fruchtknoten hat bei den Liliengewächsen die aus der Lage der Fruchtblätter zu erwartende Stellung über sämtlichen anderen Blütenteilen; er ist oberständig. Bei allen Amaryllisgewächsen stehen — bei aufrecht gehaltener Blüte — sämtliche Blütenteile über dem Fruchtknoten; dieser ist unterständig.

Der Gestaltungsplan der Blüte ist für unsere Betrachtung deswegen so beachtlich, weil er uns erlaubt, Pflanzen zu bestimmten Gruppen zusammenzufassen und diese Gruppen neben andere zu stellen, die wiederum ihre eigenen Blütengestaltungspläne haben. Auf Grund solcher Gestaltungspläne gelingt es dann weiter, Gewächse zusammenzufinden, die man ihrer Gesamtgestalt nach nie und nimmer vereinigen, ja sogar in ganz andere Formenkreise stellen würde. Hier sei besonders an die richtige Einordnung der schon erwähnten konvergenten Formen gedacht. Die Gestaltung der Blüten — und hier des ganzen Blütenstandes — verrät jeden Angehörigen der Wolfsmilchgruppe (*Euphorbia*), mag er schmale Blätter haben wie unsere Zypressenwolfsmilch (*Euphorbia Cyparissias*) (Abb. 18), oder breite wie die Sonnenwolfsmilch (*Euphorbia Helioscopia*) (Abb. 19), oder mag er stachelbewehrte, verholzte Stämme besitzen wie die als „Christusdorn" so beliebte, aus Madagaskar stammende *Euphorbia splendens* (Abb. 20), oder gar im Aussehen einem Säulen- oder Kugelkaktus gleichen (Abb. 8, 10, 21).

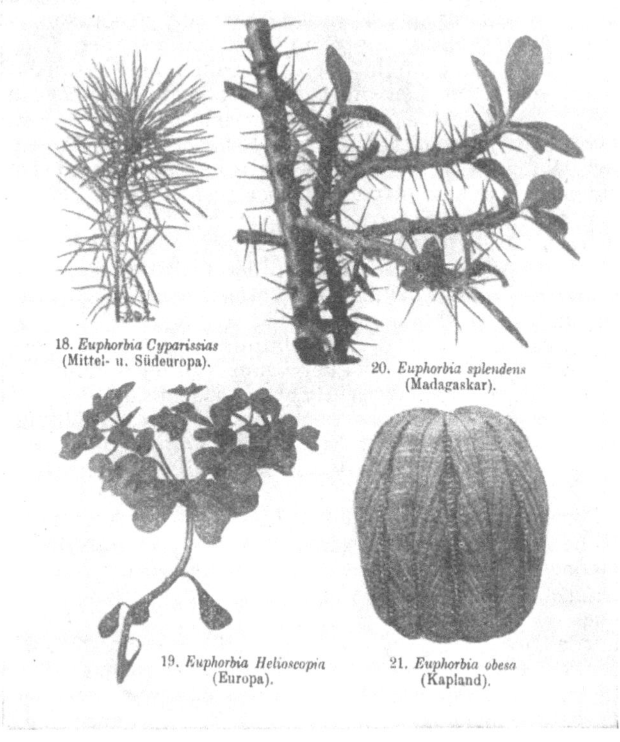

Abb. 18—21. Mannigfaltigkeit der Erscheinung

Außer diesen auffallenden Zügen im Gestaltungsplan der Blüten lassen sich noch eine Menge feiner und z. T. versteckter finden, die aber für unsere Zwecke nicht minder wertvoll sind. Da fällt z. B. ganz besonders die Gestaltung des Stempels (= Pistill) auf. Ob dabei die Fruchtblätter getrennte einzelne Gehäuse für die

Samenanlagen (Abb. 15a) bilden wie bei den apokarpen (gr. *apo* = getrennt, gr. *karpos* = Frucht) Fruchtknoten des Hahnenfußes, der Sumpfdotterblume, der Magnolien, der Mauerpfefferarten, oder auch der Schwanenbinse und dem Igelkolben; oder ob ihre Ränder zu einem gemeinsamen Gehäuse verwachsen sind, einem synkarpen Fruchtknoten etwa der Nelken, Geranien, des Mohns (Abb. 15b), sowie der Lilien und Orchideen. Weitere Gruppenunterschiede bestehen in dem Ort, an dem die Samenanlagen entspringen: marginal (Abb. 16a), d. h. an den Rändern der einzelnen, wenn auch verwachsenen Fruchtblätter wie in den meisten Fällen; laminal (Abb. 16b), nämlich auf ihren Innenflächen, eine seltenere Erscheinung, so bei den Mohngewächsen (Papaverazeen) und der Sumpfschraube (*Vallisneria*), oder zentral (Abb. 16c) wie bei der Primel und dem Fettkraut (*Pinguicula*). Noch wesentlicher erscheint die Art der Stielung der Samenanlage: ein in der Achsenrichtung der Samenanlage gestreckter Stiel (= Funikulus) bedingt eine gerade oder orthotrope, ein umgebogener und an der Seite herlaufender eine umgewendete oder anatrope und endlich ein schief ansitzender bei gekrümmter Samenanlage eine krummläufige oder kampylotrope Samenanlage. Auch kommt es darauf an, ob die Samenanlage im Fruchtknoten mit ihrem Stiele herabhängt, oder ob sie mit ihm steht. So unterscheiden sich die Kardengewächse (Dipsakazeen) — außer durch ihre nicht verwachsenen Staubblätter — von den sonst ganz ähnlichen Korbblütlern (Kompositen) dadurch, daß bei jenen die Samenanlagen im Fruchtknoten hängen, bei diesen aber aufrecht stehen.

Auch die Beachtung des Gestaltungsplanes der Blüte allein ist für die Lösung unserer Aufgabe noch zu enge, obgleich wir damit schon viel weiter kommen als die Botaniker der künstlichen Systeme. Die Blüte ist ja nur ein Teil der Pflanze in ihrer Ganzheit. Genau wie wir bei der Blüte, die wir als besonders ausgebildeten Kurzsproß auffassen können, die Stellung ihrer einzelnen

Glieder an der Achse verfolgt haben, vermögen wir den Gestaltungsplan eines Laubsprosses, ja eines ganzen Sproßsystems zu untersuchen. Die Stellung der Laubblätter kann ähnlich sein wie die der Blütenteile. Und auch hier gibt es wieder ganze Scharen von Pflanzen, die sich auf Grund ihrer Blattstellung zu Gruppen zusammenfassen lassen. Während die meisten Gewächse ihre Blätter spiralig um den Stengel angeordnet tragen, also wechselständig, sitzen die Blätter der Taubnessel, des Hohlzahns, des Salbeis, des Thymians zu je zweien am Stengel gegenüber, sie sind gegenständig. Die genannten Pflanzen stimmen aber auch in dem Gestaltungsplan ihrer Blüten überein, es sind Lippenblüten. Um so mehr bestärkt uns die gleiche Anordnung der Blätter, diese Pflanzen zusammen mit einer großen Anzahl von ähnlich gebauten zu einer Gruppe, nämlich der der Lippenblütler (Labiaten) zu vereinigen. Eine ähnliche, auch wiederum auf ganz bestimmte Formenkreise beschränkte Art der Blattanordnung ist die quirlständige oder wirtelige. Bei ihr sitzen die Laubblätter in Stockwerken zu Kreisen zusammengestellt um den Stengel wie z. B. bei den dreigliederigen Blattquirlen des Wacholders. Die Blattstellung allein ermöglicht es uns, auf den Alpenwiesen schon die jungen, noch nicht blühenden Pflanzen des Germers (*Veratrum*) von den ganz ähnlichen des gelben Enzians (*Gentiana lutea*) zu unterscheiden. Der Germer hat — wie in der Regel alle Liliengewächse — wechselständige Blätter, während der gelbe Enzian — wie fast alle Enziangewächse (Gentianazeen) — gegenständige Blätter besitzt.

Gerade diese letzte Betrachtung zeigt mit aller Deutlichkeit, daß ein einziges Merkmal nicht zu einer natürlichen Gruppierung ausreicht. Denn von den Liliengewächsen, die sowohl im Gestaltungsplan der Blüte als auch in einer Reihe von anderen Merkmalen gut übereinstimmen, machen in bezug auf die Blattstellung der Türkenbund (*Lilium martagon*) und die Quirlweißwurz

(*Polygonatum verticillatum*) mit ihren Blattwirteln eine Ausnahme. Ähnlich verhalten sich unter den Enziangewächsen der Bitterklee (*Menyanthes*) und die Seekanne (*Nymphoides* = *Limnanthemum*) mit ihren wechselständigen Blättern.

Ebenso wie sich die Pflanzen auf dem Höhepunkt ihrer Entwicklung in den Gestaltungsplänen der Blüten unterscheiden können, lassen sich auch schon an ihren Keimlingen, den Embryonen, grundlegende Unterschiede erkennen. Wenn wir zunächst von den Pflanzen absehen, deren Keimlinge deswegen keine Keimblätter besitzen, weil ihre Körper überhaupt nicht in Stamm und Laubblätter gegliedert sind wie die der Algen, Pilze und auch noch vieler Moose, finden wir eine große Gruppe von Gewächsen, — dazu gehören die Lilien, die Palmen und die Gräser —, mit einem einzigen Keimblatt, weiter eine sehr große Gruppe mit zwei Keimblättern wie die Eiche, die Nelke, die Rose und die Sonnenblume. Und endlich gibt es sogar einige Pflanzen mit mehr als zwei Keimblättern wie Tanne, Fichte, Kiefer. Diese Unterschiede, die schon am Anfang der Ausgestaltung einer Pflanze in Erscheinung treten, benützte A. L. de Jussieu (1748—1836) zur Aufstellung seines — im Gegensatz zu den auf zu wenigen Merkmalen begründeten künstlichen Systemen — natürlichen Systems: I. *Acotyledones,* II. *Monocotyledones,* III. *Dicotyledones.* Seit dieser Zeit versuchte man, auf verschiedenen Wegen — aber immer unter Berücksichtigung von Gestaltungsplänen — zu einem natürlichen System zu kommen, das die Pflanzen in der Ordnung ihrer natürlichen oder Verwandtschaftsbeziehungen erscheinen läßt. Schon Linné hatte sich als höchstes Ziel seiner Wissenschaft die Verwirklichung dieses Gedankens gesetzt. In seiner *Philosophia botanica* stellte er im Jahre 1751 67 „natürliche Ordnungen" auf, nachdem er schon 1738 deren 65 zusammengestellt hatte.

St. Endlicher (1805—1849) benutzte zur Haupteinteilung die verschieden weitgehende Organausgliederung der entwickelten Pflanze: I. *Thallophyta*, II. *Cormophyta*. Die Thallophyten (gr. *thallos* = Zweig; gr. *phyton* = Pflanze) besitzen ungegliederte oder nur wenig gegliederte Körper, sogenannte Lager, ohne Ausbildung von Sproß und Wurzel. Zu diesen Lagerpflanzen zählen Algen, Pilze, Flechten und Moose. Bei den Kormophyten (gr. *kormos* = Baumstumpf, Stamm), also den Farnpflanzen und den Blütenpflanzen, kann man Sproß und Wurzel unterscheiden.

Das Beispiel der Wolfsmilcharten (S. 20) hat uns gezeigt, wie wertvoll die Beachtung der Gestaltungspläne für den Systematiker sein kann. Schwierigkeiten entstehen nur dann, wenn solche Gestaltungspläne durch die Formwerdung gleichsam verschleiert sind. Es ist dann etwa so, wie wenn ein Architekt, der von einem einzigen Grundplan ausgeht, eine ganze Reihe von äußerlich vollständig verschiedenen Gebäuden hinstellt. Eine Änderung von Maßen, Schmuck und Farben kann grundsätzlich Verschiedenes vortäuschen. Schon bei den einzelligen Algen treffen wir eine ungeahnte Formenfülle, für die wir jedesmal einen Gruppentypus herausfinden können. Bei den Schmuckalgen (Desmidiazeen) ist es die in der Mitte eingeschnürte Biskuitform, bei den Kieselalgen (Diatomeen) z. T. das langgestreckte Kästchen, z.T. das runde Döschen mit Deckel. Spiralige Anordnung der Blätter besitzen die Sonnenblume und der Löwenzahn. Wie verschieden ist aber der Gesamteindruck. Hier die dem Boden angedrückte Blattrosette (= kleine Rose!) mit ihren an dem gestauchten kurzen Stamm dicht übereinandersitzenden Laubblättern, dort dieser Stamm gleichsam auseinandergezogen wie die Züge eines Fernrohres, so daß die Blätter durch lange Zwischenknotenstücke (= Internodien) getrennt sind. Auch die Blüten faßt man als solche Rosettenbildungen und daher als Kurzsprosse auf. Der Reichtum in der Ausgestaltung der Blüten selbst übertrifft jede menschliche Phantasie! Hierbei zeigen sich neben der Formen- und Farbenmannigfaltigkeit der entwickelten Glieder des Gestaltungsplanes insofern Abweichungen, als einzelne Glieder nicht vorhanden sind, oder vermehrt erscheinen. Für den ersten Fall seien gegenüber den Liliengewächsen mit ihren sechs, die Schwertliliengewächse mit drei Staubblättern angeführt, für den zweiten einige Vertreter der Zistrosengewächse mit fünf Bündeln von Staubblättern, die in ihrer Vielzahl durch Spaltung entstanden sind. Gelegentliche „Fehlschläge", d. h. Abweichungen, die als stammesgeschichtliche „Rückschläge" (= Atavismen) gedeutet werden, wie z. B. *Iris pallida f. abavia* mit 6 Staubblättern, weisen auf bestimmte Grundpläne hin. So ist es weiter möglich, auf Grund verschieden stark abgeänderter Grundrisse für die Systematik höchst bedeutungsvolle D i a g r a m m r e i h e n oder Formenreihen aufzustellen. Eine bekannte Reihe finden wir bei den Maskenblütlern (Scrophulariazeen): Königskerze (*Verbascum*) — Leinkraut (*Linaria*) — Gnadenkraut (*Gratiola*) — Ehrenpreis (*Veronica*) (Abb. 17). Hier liegt die Abänderung des Blütengrundrisses vor allem in dem immer stärkeren Ausfall der Staubblätter. Zum besseren Verständnis wählt man an Stelle des e m p i r i s c h e n Diagramms das t h e o r e t i s c h e, in dem die fehlenden Teile durch Kreuze angedeutet werden. Die Abänderung in der Ausgestaltung hingegen führt von dem fast strahlig oder radiär symmetrischen Bau der Königskerzenblüte (Abb. 17 a) zu der durch die Lippenbildung ausgesprochen zweiseitigen Symmetrie der Blüte des Leinkrautes (Abb. 17 b). Gerade hierbei erfahren wir, daß die spätere Ausgestaltung leichter abwandelbar ist als der Gestaltungsplan. Beim Leinkraut wie bei dem verwandten Löwenmäulchen (*Antirrhinum*) erscheinen ab und zu, besonders an der Spitze des Blütenzweiges an Stelle der gewöhnlichen, zweiseitig symmetrischen Blumen radiär gebaute Blüten, die Pelorien, deren Diagramm in bezug auf die Blütenblätter wie das der Königskerzenblüte aussähe.

Zweifel für die systematische Einordnung können

unter Umständen auftauchen, wenn Formen deswegen nicht in bestimmte Reihen passen, weil sie gegenüber den anderen verwachsene oder unverwachsene Blütenglieder besitzen. Die Scheidung in Freikronblättrige (= Choripetale) und Verwachsenkronblättrige (= Sympetale) ist keineswegs eine klare und natürliche. So haben z. B. die von den Systematikern zu den Sympetalen gestellten Gruppen der Wintergrüngewächse (Pirolazeen), Alpenrosengewächse (Rhododendroideen), Grasnelkengewächse (Plumbaginazeen), Ölbaumgewächse (Oleazeen) genug freikronblättrige Vertreter, wenn sie es nicht gar alle sind! Hingegen führt E. Warming die vereintkronblättrigen Kürbisgewächse (Cucurbitazeen) bei den Choripetalen auf. Die Liliengewächse (Liliazeen) umfassen teils freikronblättrige Formen wie die Tulpe, Kaiserkrone und Lilie, teils aber auch verwachsenkronblättrige wie die Weißwurz (*Polygonatum*) und das Maiglöckchen.

Auch die Ausbildung der Frucht kann deren Gestaltungsplan vollständig verschleiern. Die Liliengewächse bringen z. T. Kapseln hervor (Tulpe, Lilie, Lauch), z.T. Beeren (Maiglöckchen, Spargel). Kapseltragende Nachtschattengewächse (Solanazeen) sind Tabak, Stechapfel, Bilsenkraut, beerentragende hingegen Nachtschatten, Kartoffel, Tomate, Tollkirsche.

Auf Grund der gesetzmäßigen Gestaltung (=Morphogenese, gr. *morphe* = Gestalt; gr. *genesis* = Werden) war es den morphologisch gerichteten Systematikern möglich, Systeme aufzustellen. Auf die Beschreibung der einzelnen Arten (*species*) (Caspar Bauhin 1550—1624, Linné!) folgte die Zusammenstellung ähnlicher Arten zu Gattungen (*genus*) (Bauhin), die Charakterisierung der Gattungen durch Gattungsmerkmale (Tournefort), die Vereinigung der Gattungen zu Gruppen (Linné), die Charakterisierung solcher Gruppen als Familien (*familia*) (A. L. de Jussieu). So erkannte man nach und nach die verschiedenartigen s y s t e m a t i s c h e n E i n h e i t e n.

Nicht nur die äußeren, ohne wesentliche Hilfsmittel wahrnehmbaren Formen weisen auf die Möglichkeit hin, die Pflanzen zu Gruppen mit ähnlichen Merkmalen zusammenzufassen. Auch ihre innere Feinausgestaltung, ihre Anatomie, gibt dafür genügend Anhaltspunkte. Kein Wunder, daß auch schon versucht wurde, Pflanzensysteme anatomisch zu begründen. A. P. de Candolle (1778—1841), der hervorragende französische Botaniker, benutzte anatomische Merkmale wenigstens für die Hauptabteilungen seines Systems: I. *Vasculares,* d. h. Pflanzen mit Leitbündeln, II. *Cellulares,* Pflanzen nur aus geschlossenen Zellen, ohne Leitbündel. Die erste Gruppe unterteilte er dann noch nach der Art der Verteilung der Leitbündel im Stamm.

Die anatomische Forschungsrichtung zeitigte bei ständiger Vertiefung immer wertvollere Ergebnisse für unseren Gegenstand. Schon gewisse Zellgebilde der Oberhaut (= Epidermis) fallen durch ihre gruppenweise Gleichförmigkeit auf. Die Drüsenhaare der Lippenblütler, die Labiatendrüsenschuppen, gehören einem ganz anderen Typ an wie die der Korbblütler (Kompositen). Die Gestalt der wasserleitenden Holzgefäße und gefäßähnlichen Zellen ist oft für ganze Gruppen charakteristisch, wie z. B. die Hoftüpfel-Tracheiden (gr. *trachys* = uneben) für die Nadelhölzer. Schleimzellen (z. B. bei Malvengewächsen), Ölbehälter (z. B. Doldenblütler), Milchsaftröhren (z. B. Wolfsmilchgewächse) zeichnen ebenfalls oft die Vertreter geschlossener Gruppen aus. Auf dieser Grundlage konnten Solereder und Meyer ihre „Systematische Anatomie" entwickeln. Tippo (1938) hat auf Grund der Holz-Anatomie ein System für einige größere Gruppen der Blütenpflanzen ausgearbeitet. Und solche Merkmale erlauben dann weiter, Tabellen zur mikroskopischen Bestimmung von Drogen- und pflanzlichen Nahrungsmittelpulvern, von Gewebefasern und Hölzern auszuarbeiten.

Den morphologischen und anatomischen (hier besser histologischen [gr. *histos* = Gewebe]) Untersuchungen schließen sich dann, ermöglicht durch die weitere Verfeinerung der optischen Apparate, die zytologischen (gr. *kytos* = Höhlung, hier gemeint: Zelle) an, die schließlich zur Karyologie, d. h. zur Lehre vom Zellkern (gr. *karyon* = Kern) führen. Verrät uns die Zelle durch die Art ihrer Ausgestaltung etwas von der Gruppenzugehörigkeit der Pflanze? Eingehende Arbeiten beschäftigten sich in den letzten Jahren mit dem Vergleich der als Träger der Erbanlagen (= Gene) so bedeutungsvollen Chromosomen (gr. *chroma* = Farbe; gr. *soma* = Körper), den Kernschleifen. Diese erscheinen dann, wenn ein Zellkern — gewöhnlich zum Zwecke einer indirekten Zellteilung — sich in Teilung befindet, als deutlich abgegrenzte und leicht färbbare Gebilde. Sowohl die Form der einzelnen Chromosomen als auch ihre Anzahl liegen für jede Tier- und Pflanzenart fest. Es hat sich herausgestellt (Untersuchungen von Sax und Beal), daß z. B. bei den Zykadazeen oder den Koniferen für ähnliche Formen auch ähnliche Chromosomenverhältnisse vorliegen. Dabei zeigen die Arten die größte Ähnlichkeit; zwischen den Gattungen können schon Verschiedenheiten auftreten. Während eine Gruppe von Nadelholzgattungen durch $n = 11$ Chromosomen ausgezeichnet ist, besitzt eine andere $n = 12$. Bei den Zykadazeen kommen die Zahlen 8, 9, 11, 13 vor. Allerdings haben sich bei den Koniferen einige wenige Ausnahmen gezeigt. Bei den Bedecktsamigen konnte man neben vielen Übereinstimmungen auch viele Abweichungen finden. So wiesen die äußerlich vollständig artgleichen Nachkommen von *Crepis-syriaca*-Pflanzen mit $2n = 12$ Chromosomen die verschiedenen Zahlen von 10, 11, 12 und 13 Kernschleifen auf. Clausen betont: „Der Gehalt an Genen und nicht die Art und Weise ihrer Zusammenfügung (zu einer bestimmten Zahl von Chromosomen) bestimmt den morphologischen Typus". Wenn auch mit Mattfeld die „reine Zahl der Chromosomen systematisch nicht sonderlich bedeutungsvoll" sein dürfte, so scheinen doch nach Smith größere Abteilungen ihren eigenen Kerntypus (= Karyotypus) zu besitzen. Allerdings würde die Untergliederung solcher Abteilungen nach der Zahl der Kernschleifen zu unnatürlichen Einheiten führen.

3. Gleiche und verschiedene Gestaltungsstoffe.

Es liegt nahe, außer den bis in das Feinste ausgeprägten Formen auch die Stoffe, aus denen die Pflanzen bestehen, zum Vergleich heranzuziehen.

Der sämtlichen Lebewesen eigentümliche Gestaltungsstoff ist das Protoplasma (gr. *protos* = erstes; gr. *plasma* = Gebilde), jener rätselhaft belebte Eiweißstoff. Von ihm können wir nur jeweils eine Seite untersuchen: entweder die rein chemische, dadurch, daß wir es zunächst töten und dann analysieren, oder die rein physiologische, indem wir es auf seine Reaktionsfähigkeit gegenüber den Umweltreizen prüfen. Seine Ganzheit vermögen wir dabei nicht zu erfassen. Als weitere allgemein anzutreffende Gestaltungsstoffe kommen bei den Pflanzen gegenüber den Tieren (Ausnahme: Manteltiere = Tunikaten) noch die der Zellwände hinzu.

Hiervon sind die Zellwandstoffe leichter der chemischen Untersuchung zugänglich als die äußerst verwickelt gebauten Eiweißverbindungen. Die Zellwände bestehen im Pflanzenreich in der Hauptsache aus Zellulose, auch Zellstoff genannt, einem Kohlehydrat von der Formel $(C_6H_{10}O_5)_n$. Doch gibt es auch Ausnahmen. So konnte Zellulose nur bei zwei Bakterienarten (*Bacterium xylinum* und *Sarcina ventriculi*) gefunden werden. Alle anderen bis jetzt darauf untersuchten Bakterienarten sind zellulosefrei. Auch viele Algen scheinen diesen Wandstoff nicht zu besitzen. Hingegen finden wir ihn ausnahmslos bei den Moosen, Farnen und Blütenpflanzen.

Von anderen wandbildenden Stoffen sind vor allem zu nennen: die chemisch noch nicht einwandfrei geklärten Hemizellulosen und die bei den Algen häufig vorkommenden, aber auch besonders als Zellverbindungsmasse in höheren Pflanzen erscheinenden Pektinstoffe. Ein Gruppenstoff von hohem systematischem Wert ist das sonst nur im Tierreich (z. B. Insekten, Krebse) erscheinende Chitin, dessen Vorkommen sich nach Wisselingh „auf die höheren Pilze und Zygomyzeten beschränkt".

Außer diesen eigentlichen Wandbildnern gibt es noch andere Stoffe, die die Zellulosewände durchsetzen und die ebenfalls für Pflanzengruppen charakteristisch sind. Das Lignin, der Holzstoff, kommt bei den Farnpflanzen (außer bei *Isoëtes*) und den Blütenpflanzen vor. Das Suberin, das sich in den Korkzellwänden zwischen je zwei Zelluloseschichten einlagern kann, ist den Blütenpflanzen eigen. Bei den Sporenpflanzen ist es nur an den Wurzelstöcken der Natterzunge (*Ophioglossum*) vorhanden.

Von größter Bedeutung für unsere vorgelegte Frage wäre nun die Erforschung der spezifischen Eigenschaften des Protoplasmas, oder wenigstens der Unterscheidungsmöglichkeit seiner stofflichen Grundlage, des Eiweißes, für verschiedene Rassen, Arten, Gattungen, Familien und andere systematische Einheiten. Daß wir hier mit rein chemischen Methoden nicht weit kommen, ist leicht einzusehen. Dagegen haben etwa seit der letzten Jahrhundertwende gewisse biologische Verfahren überraschende Ergebnisse gezeitigt. Diese Verfahren beruhen letzten Endes auf folgender Beobachtung des Mediziners Behring (1890): in dem Blutserum eines mit Bakteriengift behandelten Tieres bilden sich Antikörper, die nicht nur dem in dem Tierkörper befindlichen Gift entgegenwirken, sondern auch außerhalb desselben mit ihm reagieren. Ein in dem Impfstoff befindliches Antigen veranlaßt in dem Blut des gespritzten Tieres die Bildung des Antikörpers. Das nunmehr mit dem Antikörper versehene Blutserum heißt Antiserum (oder Immunserum). Es kann dem Tier entnommen werden. Zu dem Impfstoff, also dem Ausgangsstoff, gebracht, erzeugt es einen Niederschlag. Dieser Niederschlag bleibt mit andersgearteten Impfstoffen aus. Zur Untersuchung von Pflanzeneiweiß wandte Kowarski 1901 zum ersten Male diese Methode an, um mit Hilfe von Antisera verschiedene Mehlsorten auf Grund ihres Albumosengehaltes zu unterscheiden. Nachdem dann 1906 auf serologischem Wege die Eiweißverwandtschaft zwischen Hefe und Trüffel gezeigt werden konnte, veröffentlichte 1913 K. Gohlke die Ergebnisse seiner zahlreichen systematischen Untersuchungen an einer großen Anzahl von Pflanzenfamilien, die unter der Leitung von Mez im Königsberger Botanischen Institut durchgeführt wurden. In den folgenden Jahren durchforschten Mez und seine Mitarbeiter das Pflanzenreich nach allen möglichen Richtungen mittels der serodiagnostischen Methode auf die Verwandtschaft der Arten und Gruppen. Dabei schlossen sie von der Stärke der Reaktion, also des Niederschlags, auf den Grad der Verwandtschaft. Man glaubte schon, die Autorität seither anerkannter Systematiker sei durch manche abweichende Ergebnisse der Königsberger Schule „ganz gehörig erschüttert" (Furrer). Aber schon bald wurden Einwände erhoben. Nachprüfungen zeigten, daß manche Schlußfolgerungen auf verschwommener Grundlage beruhten. Gilg und Schürhoff, die mit einem Stab von Mitarbeitern die Ergebnisse nachprüften, lehnen die serologische Methode scharf ab, wenn sie behaupten, „daß die Serodiagnostik für die botanische Verwandtschaftsforschung völlig unbrauchbar ist". Die Wahrheit wird auch hier in der Mitte liegen. Grundsätzlich ist die Möglichkeit des serodiagnostischen Verfahrens anzuerkennen. Die Einwände, die mit Begründung dagegen erhoben worden sind, richten sich vornehmlich gegen die geübten Methoden, die inzwischen aber schon weitgehend verbessert werden konnten. Allerdings, ein Einwand läßt sich nicht entkräften, nämlich der, daß jede Methode versagen müßte, wenn in stammesgeschichtlich auseinanderliegenden Gruppen Eiweißkonvergenz vorläge. Doch beruht ja vermutlich die Formenmannigfaltigkeit gerade auf der Verschiedenheit der spezifischen Arteiweißstoffe.

4. Zusammengehörigkeit nach Lebensäußerungen.

Sowohl bei der Untersuchung der Gestaltungspläne als auch der Gestaltungsstoffe haben wir Endzustände miteinander verglichen. Wir konnten unsere Betrachtungen damit gleichzeitig historisch beginnen, denn zunächst erfaßte man die Gegenstände der Natur tatsächlich in ihrem Gewordensein. Diese statische Betrachtungsweise wurde aber allmählich abgelöst durch eine mehr dynamisch gerichtete: das Leben schafft zwar seine Formen, es offenbart sich jedoch unmittelbarer in seinem ständigen Wirken. Das Wissenschaftsgebiet, das die Lebensäußerungen untersucht, ist die Physiologie (gr. *physis* = Natur, auch Weltwerden; gr. *logos* = Lehre). Was kann die Pflanzenphysiologie zur natürlichen Gruppierung der Gewächse beitragen?

Zur Erhaltung des Individuums, des Einzellebewesens, gehören Stoff- und Energiewechsel und die Reaktionsmöglichkeit in bezug auf die Umwelt, d. h. Reizempfindlichkeit und Bewegungsfähigkeit. Zum Stoffgewinn dienen die verschiedenen Arten der Assimilation (lat. *assimilare* = angleichen), von denen die Assimilation des Kohlenstoffs aus Kohlendioxyd allein der mit Blattgrün (= Chlorophyll) ausgestatteten Pflanze eigen ist. Da blattgrünlose Gewächse aber in allen möglichen Gruppen, — außer etwa bei den Moosen, Farnen und Gymnospermen —, als Schmarotzer (= Parasiten) oder Fäulnisbewohner (= Saprophyten) vorkommen, können wir die Assimilation in ihrer Eigenart nicht als systematisches Merkmal werten. Dem Energiegewinn dient außer dem im gesamten Reich der belebten Natur verbreiteten Vorgang der Atmung bei gewissen Bakterien- und Pilzgruppen (z. B. Hefepilze!) die Gärung, bei anderen Bakterien die Oxydation anorganischer Stoffe. Hier könnten wir vielleicht schon eher Anhaltspunkte für systematische Zusammengehörigkeit finden. So zeigen z. B. die Dickblattgewächse (Krassulazeen) gegenüber den anderen Pflanzen die merkwürdige Fähigkeit, in der Nacht das Atmungsmaterial (Kohlehydrate) nicht bis zum Kohlendioxyd und Wasser zu veratmen, sondern aus einem unveratmeten Rest organische Säuren (Oxalsäure, Apfelsäure u. a.) zu bilden, die erst bei Tageslicht vollständig veratmet werden. Durch die Anwesenheit des Lichtes kann dann das Atmungsprodukt Kohlendioxyd gleich wieder in der Pflanze zur Assimilation ausgenutzt werden.

Die Stoffwechselvorgänge sind wohl in ihren Grundzügen verwandtschaftlich bedingt, in ihren Einzelheiten aber stark ökologisch abgewandelt. So finden wir je nach dem Standort: hell/dunkel, trocken/feucht, warm/kalt, nährstoffreich/nährstoffarm usw. die verschiedensten Ökotypen, d. h. für eine bestimmte Umwelt geeignete Pflanzen, mitunter aus derselben Systemgattung: Rote Taubnessel/Gefleckte Taubnessel, Hügelveilchen/Sumpfveilchen, Pinie/Bergföhre, Korntrespe/Dachtrespe.

Anders ist es für unsere Zwecke mit den Stoffwechselprodukten. Schließlich liegen ja bei den schon betrachteten Gestaltungsstoffen Protoplasma und Wandbildungsstoff ebenfalls Stoffwechselprodukte vor. Die Bedeutung der Phytochemie (gr. *phyton* = Pflanze) für die Systematik hat zuerst Fr. Rochleder 1854 gezeigt. 1933 hat H. Molisch eine Zusammenstellung über „Pflanzenchemie und Pflanzenverwandtschaft" herausgegeben. Die Untersuchungen ließen erkennen, daß bestimmte Inhaltsstoffe der Pflanzen tatsächlich systematisch umgrenzten Gruppen eigen oder fremd sein können. So fehlt den Blaugrünen Algen (Zyanophyzeen), den Braunalgen (Phaeophyzeen) und den Kieselalgen

(Diatomeen) vollständig die Stärke. Blaugrüne Algen und Pilze enthalten dagegen das sonst in tierischen Geweben (z. B. Leber) gebildete Kohlehydrat Glykogen, die „tierische Stärke". Wieder ein anderes Kohlehydrat, das im Zellsaft gelöste Inulin, zeichnet die zu der Englerschen Reihe der Kampanulaten gehörigen Pflanzen aus, nämlich die Angehörigen folgender Familien: Kampanulazeen (= Glockenblumengewächse), Lobeliazeen, Goodeniazeen, Stylidiazeen, Kompositen (= Korbblütler). Es darf aber nicht verschwiegen werden, daß das Inulin auch in vereinzelten Pflanzen ganz anderer Systemkreise gebildet werden kann: beim Schneeglöckchen, bei den Veilchenverwandten *Ionidium,* bei manchen Algen (z. B. *Acetabularia mediterranea*). Hingegen stellen die Flechtensäuren ein einwandfreies Merkmal nicht nur für die Gesamtgruppe der Flechten dar. Bestimmte Formenkreise von Flechten bringen sogar ganz bestimmte, chemisch gut unterscheidbare Arten von Flechtensäuren hervor. Wie eng systematische Verwandtschaft und Chemismus bei Pflanzen zusammenhängen können, haben 1931 Gilg und seine Mitarbeiter gezeigt: die Ranunkulazeengattungen *Adonis, Myosurus* und *Oxygraphis* sind vollständig frei von Saponin, während die auch morphologisch sich nahestehenden Gattungen *Anemone, Hepatica,* und *Pulsatilla* dieses Glykosid enthalten. Demgegenüber konnte Greshoff Saponin nicht nur bei den Farnen, sondern in ungefähr 70 Familien der ein- und zweikeimblättrigen Gewächse feststellen. Für die Familie der Nelkengewächse (Karyophyllazeen) bedeutet das Saponin allerdings durch sein überaus häufiges und deutliches Vorkommen geradezu ein Familienmerkmal. Wenn man nun vielleicht noch annehmen könnte, daß sich so verwickelt gebaute Stoffe wie die Saponine doch irgendwie chemisch oder physikalisch je nach den Pflanzengruppen, in denen sie vorkommen, unterscheiden lassen, daß es sich also um gattungs- oder familieneigene Saponinkörper handeln könne, so fällt diese Annahme für das in seiner chemischen Konstitution eindeutig festgelegte Kumarin (= Anhydrid der o-Oxyzimtsäure) natürlich fort. Kumarin kommt aber nicht allein als Duftstoff in dem zu den Rubiazeen gehörenden Waldmeister (*Asperula odorata*) vor, sondern auch im Ruchgras (*Anthoxanthum odoratum*) und in anderen Gräsern, bei Nelkengewächsen (*Herniaria*), Rosenblütlern (*Prunus mahaleb*), Schmetterlingsblütlern [Honigklee (*Melilotus officinalis*), Tonkabohnen (*Dipterix-Arten*)], Maulbeergewächsen (*Ficus radicans*), Orchideen (*Nigritella nigra, Angrecum fragrans*) und bei vielen Korbblütlern. Bis jetzt hat man diesen Stoff in etwa 50 Blütenpflanzen aus den verschiedensten Verwandtschaftskreisen feststellen können.

Hier liegt eine Parallelerscheinung zu der früher besprochenen morphologischen Konvergenz vor, nämlich eine c h e m i s c h e K o n v e r g e n z. Konvergenzerscheinungen bereiten aber dem Systematiker jedesmal Schwierigkeiten.

Die Auswertung der R e i z - und B e w e g u n g s e r s c h e i n u n g e n für die Systematik ist bis jetzt nur für die Georeaktionen (Zimmermann) etwas eingehender versucht worden. Immerhin lassen sich auch hier auf anderen Gebieten gruppenweise Ähnlichkeiten und Unterschiede zeigen. Hier einige Hinweise: verschiedenartige Lockstoffe (*Chemotaktika*) für die freibeweglichen männlichen Keimzellen aus verschiedenen Pflanzengruppen (Lebermoose: Eiweiß; Laubmoose: Rohrzucker; Bärlappe: Zitronensäure; Farne: Äpfelsäure). Die Bewegung von Blütenblättern kann durch verschiedenartige Reize veranlaßt werden: Tulpe, Milchstern und Herbstzeitlose, also Liliazeen, antworten auf Temperaturunterschiede, während Seerosen (Nymphaeazeen) und Kakteen wie die Blütenköpfchen der Kompositen (z. B. Gänseblümchen) auf Beleuchtungsschwankungen reagieren.

Die Eigenart der Bewegung ist häufig durch den Besitz bestimmter morphologisch-anatomischer Einrichtungen festgelegt. So bedingen die Gelenkpolster die eigentümliche Tages- und Nachtstellung der Blätter der Schmetterlingsblütler, ja sogar des größeren Systemkreises der Hülsenfrüchtler (Leguminosen), der Sauerkleegewächse (Oxalidazeen), der Arten der Wasserfarngattung *Marsilia.*

Zur Erhaltung der Art (hier im weitesten Sinn) dient — nach vorausgegangener Entwicklung — die Fortpflanzung. Die Erscheinung der Fortpflanzung in ihrem gesamten Umfang — sowohl die Vorgänge als auch die dazu gebildeten Organe und deren Entwicklung — ist für die systematische Einteilung der Pflanzen von hervorragender Bedeutung. Schließlich hat ja schon Linné sein System — wenn auch sehr einseitig — auf Fortpflanzungsorgane gegründet. Linné und seine Zeitgenossen konnten bei der Beobachtung des Gewordenen, der fertigen Endzustände, noch das Dogma von der Konstanz der Arten, d. h. von der getrennten Einzelschöpfung jeder Art und ihrer Unwandelbarkeit, mit bestem Gewissen aufrecht erhalten. W. Hofmeister (1824—1877) war der erste, dem sich die pflanzliche Natur in ihrem Werden offenbarte, in ihren großen genetischen Zusammenhängen, in ihrer Entwicklung. Auf Grund der in der Zwischenzeit weit fortgeschrittenen mikroskopischen Erforschung der Zelle gelang es ihm zunächst, in die Geheimnisse bei der Fortpflanzung der Blütenpflanzen einzudringen: „Die Entstehung des Embryos der Phanerogamen". Darauf konnte er mit einer großen Reihe von entwicklungsgeschichtlichen Untersuchungen an Moosen und Farnen mit meisterhafter Klarheit nicht nur den gesetzmäßigen Entwicklungsablauf bei jeder einzelnen Form zeigen, sondern vor allem überzeugend beweisen, daß ein entwicklungsgeschichtlicher Zusammenhang zwischen den äußerlich so verschiedenartigen Formen wie Moosen, Farnen, Gymnospermen und Angiospermen besteht. Hatte man früher aus Gründen der systematischen Übersichtlichkeit in der Hauptsache auf das Unterscheidende, das Trennende, geachtet, so trat mit Hofmeister unter dem Gesichtspunkt der Entwicklungsgeschichte das Gemeinsame, das Verbindende, in den Vordergrund · „Vergleichende Untersuchungen der Keimung, Entfaltung und Fruchtbildung höherer Kryptogamen". Hofmeister hat auf botanischem Gebiet die Zusammenhänge klargelegt, die Darwin etwa ein Jahrzehnt später auf zoologischem Gebiet als Beweise für seine Abstammungslehre suchte. Seit jener Zeit wurden die vergleichenden Untersuchungen — sowohl der Vorgänge (vergleichende Entwicklungsgeschichte) als auch der Zustände (vergleichende Morphologie) — ständig vertieft und auf weitere Gebiete ausgedehnt. In seinem Werk „Vergleichende Embryologie der Angiospermen" (1931) untersuchte K. Schnarf als Merkmale: Pollenbildung, Entwicklung des Nuzellus (Kerngewebe der Samenknospe), Stellung der Samenanlagen, Zahl der Integumente (Hüllen der Samenknospe) und Endosperm-(Nährgewebe-)Bildung.

5. Wohngebiete verwandter Formen.

Im ersten Abschnitt verglichen wir Pflanzen gleicher Standorte miteinander und versuchten so, den natürlichen Gegebenheiten nachzuspüren Doch mußten wir einsehen, daß wir mit der Betrachtung solcher Pflanzengesellschaften in unserer Aufgabe nicht weiterkommen konnten Nachdem wir aber nun den Blick für die verwandtschaftlichen Zusammenhänge der Pflanzen durch die Beschäftigung mit den Gestaltungsplänen und -stoffen und mit den Lebensäußerungen der Gewächse genügend geschärft haben, wollen wir wieder eine pflanzengeographische Betrachtung versuchen, diesmal nicht nach soziologisch-ökologischen Gesichtspunkten, sondern nach systematischen.

Wir kennen Gebiete auf der Erdoberfläche, in denen sich in ungeahnter Fülle ganz ähnliche, aber doch erblich unterschiedliche Formen von Pflanzen gleichsam zusammendrängen Vavilov hat als Heimatgebiete unserer Kulturpflanzen sieben solcher Mannigfaltigkeitszentren auf der Erde erkannt: 1. Südwestasien (Saatweizen, Roggen, Hafer, verschiedene kleinsamige Hülsenfrüchte, kleinsamiger Lein, Obstarten), 2. Indien (Reis, Zuckerrohr u. a. tropische Nutzpflanzen), 3. Ostchina (Sojabohne, Nackthafer, Nacktgerste), 4. Abessinien (Spelzgerste, Emmerweizen), 5. Mittelmeerländer (großsamige Hülsenfrüchte, großsamiger Lein, Zuckerrübe, Kohl, verschiedene Futterpflanzen), 6. Mittelamerika (Mais, Baumwolle, Bohnen, Kürbis, Tomate), 7. Peru/Bolivien (Kartoffel). In den genannten Gebieten kommt frei und ohne züchterische Einwirkung des Menschen eine ganze Schar ähnlicher, aber doch konstanter Formen der angeführten Pflanzen wie Saatweizen, Kohl oder Kartoffel vor. Aus diesen Sammelgebieten strahlen die verschiedensten Formen nach allen Seiten aus, wo sie dann oft streng voneinander geschieden ihre eigenen Wohngebiete haben können. Ein solches Mannigfaltigkeitszentrum für die Orchideengruppe *Cypripedium* (Frauenschuh) liegt im östlichen Tibet.

Auch der von L. Diels in bezug auf unsere Gesichtspunkte eingehend untersuchte Teil Mittelchinas scheint für die zu betrachtenden Zusammenhänge ganz besondere Bedeutung zu haben. Einerseits treffen wir dort große Gruppen ähnlicher Formen, andrerseits Zwischenformen, in denen verschiedene, gut unterscheidbare Arten, ja Gattungen aus anderen Gebieten gleichsam zusammenlaufen. Diels nennt als Bindeglied zwischen Lilie (*Lilium*) und Schachbrettblume (*Fritillaria*) die Gattung *Nomocharis.* Ebenso weist er auf Mittelformen zwischen Eisenhut (*Aconitum*) und Rittersporn (*Delphinium*), Steinbrech (*Saxifraga*) und Milzkraut (*Chrysosplenium*) und zwischen Primel (*Primula*) und Mannsschild (*Androsace*) hin.

Wiederum eine andere, in diesen Zusammenhang gehörende Erscheinung ist die der vikariierenden (lat. *vicarius* = stellvertretend) Formen: zwei gestaltlich ganz ähnliche, systematisch nah verwandte

Formen besitzen verschiedene, oft benachbarte Wohngebiete, in denen sie sich gegenseitig ersetzen. In solchen Gebieten lassen sich dann in der Regel Unterschiede in der Art des Klimas und des Bodens feststellen. So bewohnt der einjährige baltische Enzian (*Gentiana Baltica*) die klimatisch milderen Tieflandsgebiete Mitteleuropas, während der sich langsamer entwickelnde, zweijährige, aber ganz ähnliche Feldenzian (*Gentiana campestris*) die klimatisch ungünstigeren Teile der Mittel- und Hochgebirge sowie den Norden Europas besiedelt. Auf kalklosem oder wenigstens kalkarmem Boden wachsen das gelbe Alpenwindröschen (*Anemone sulphurea*), das einblütige Hornkraut (*Cerastium uniflorum*), der Keulenenzian (*Gentiana Kochiana*). Auf den oft benachbarten Kalkböden stehen die ganz ähnlichen Formen weißes Alpenwindröschen (*Anemone alpina*), breitblättriges Hornkraut (*Cerastium latifolium*), großblütiger Enzian (*Gentiana Clusii*).

Schließlich sind hier auch noch die Endemiten (gr. *endemos* = einheimisch) zu erwähnen, d. h. Formen, die nur ein einziges, meist recht kleines und gewöhnlich geographisch scharf begrenztes Wohngebiet haben. Gebiete mit ausgeprägtem Endemismus sind oft durch Wasser abgeschlossen wie die Inseln, oder durch Gebirge vom übrigen Lande getrennt wie die Pyrenäenhalbinsel, oder es sind Gebirgsstöcke wie die Gebirge des Balkans, oder gar nur bestimmte Gebirgstäler und einzelne Berge. Auf jeden Fall sind solche Pflanzen durch irgendwelche Hindernisse, die sich ihrem Wanderungsstreben entgegenstellen, von der Außenwelt abgeschlossen. So bewohnen z. B. *Aquilegia alpina, Eryngium alpinum, Androsace helvetica, Gentiana bavarica* außer den Alpen keine anderen Hochgebirge. *Daphne petraea, Callianthemum Kernerianum* und *Saxifraga arachnoidea* wachsen sogar nur in eng begrenzten Gebieten, nämlich in den Gebirgsteilen am Gardasee. Und ausschließlich auf einzelnen Bergen wohnen *Ramondia* (= *Jankaea*) *Heldreichii* — Thessalischer Olymp, *Helichrysum virginicum*

— Athos, *Campanula Aizoon* — auf Bergen des Parnaß. Ein Beispiel für Tal-Endemiten ist *Saxifraga (= Zahlbrucknera) paradoxa,* die nur in zwei benachbarten Talgebieten von Kärnten und Steiermark vorkommt. Die Erklärungsversuche für diese auffälligen Beziehungen zwischen der geographischen Verbreitung und der systematischen Stellung von Pflanzen werden bis zur Auswertung des zunächst zu gebenden Tatsachenstoffes zurückgestellt (S. 129).

6. Nachkommen und Vorfahren.

Während wir seither den Beziehungen von Pflanzen nachgespürt haben, die gleichzeitig nebeneinander leben können, als ob sie alle einer Generation angehörten, wollen wir jetzt an Stelle dieser horizontalen Betrachtungsweise die vertikale versuchen, wir wollen Vergleiche durchführen bei Pflanzen, die nacheinander leben. Dabei werden wir die sichersten Erkenntnisse für eine Entwicklungsgeschichte des Pflanzenreichs dann gewinnen, wenn wir imstande sind, die unmittelbaren Geschlechterfolgen (Generationen) miteinander zu vergleichen.

Der oberflächliche Beobachter wird sagen, daß bei den Pflanzen die Nachkommen in ihren Eigenschaften oder Merkmalen mit ihren Vorfahren übereinstimmen. Das trifft in der Mehrzahl der Fälle aber nur für das Gesamtbild zu. In einigen wenigen Fällen, die zudem in der Natur höchst selten vorkommen, stimmen die Glieder verschiedener Geschlechterfolgen tatsächlich bis in die letzten Einzelheiten überein. In ebenso wenigen Fällen sind sie so grundverschieden, daß man sie nicht mehr zu demselben Formenkreis zählen kann. In den meisten Fällen unterscheiden sie sich wohl in einer Menge von einzelnen Zügen, ohne daß dabei aber das Gesamtbild wesentlich gestört wird. Welche Gründe können wir für dieses unterschiedliche Verhalten feststellen?

Wenn die beiden Elternpflanzen in ihrem Erbgut vollständig übereinstimmen und an sich reinerbig sind, dann entstehen ebenso reinerbige Nachkommen. Es handelt sich um eine reine Linie. Nun genügt das Bestehen einer reinen Linie aber noch nicht zur Erzielung von äußerlich gleichen Lebewesen. Sind die Standortverhältnisse ungünstig, dann bilden sich Kümmerformen, die sich erheblich von den durchschnittlich oder gar überernährten Geschwistern unterscheiden. Das in allen Einzellebewesen gleicher Herkunft vorhandene gleiche Erbgut liefert also nur die Voraussetzung zu einer gleichen Ausbildung. Die Art und Weise der Verwirklichung hängt von den Verhältnissen der Umwelt ab. Jedoch sind die Möglichkeiten für die Wirkung der Umweltkräfte wiederum durch das Erbgut begrenzt. Die durch das Erbgut zugelassenen und durch die Verschiedenartigkeit der Umwelt hervorgerufenen Abänderungen heißen Modifikationen (lat. *modificatio* = Abwandlung). Modifikationen sind als Reaktionsergebnisse nicht erblich, nur die in dem Erbgut, den Anlagen oder Genen, begründeten Reaktionsmöglichkeiten können von Generation zu Generation weitergegeben werden.

Mit den Vorfahren übereinstimmende Nachkommen entstehen demnach bei vollständig gleichem Erbgut und gleichen Umwelteinflüssen.

Von den Vorfahren sich unterscheidende Nachkommen können entstehen bei gleichem Erbgut durch verschiedene Umwelteinflüsse. Ein überzeugendes Beispiel sind dafür die Land- und Wasserformen der Verlandungspflanzen (Tannenwedel, Tausendblatt, Wasserhahnenfuß, Wasserknöterich). Während aber bei diesen durch die Rückveränderung der Umwelt die Ausgangsformen selbst nach Generationen wieder erreicht werden können, ist dies bei zwei anderen Gruppen von allerdings selteneren Fällen nicht mehr möglich, nämlich dann, wenn sich das Erbgut verändert.

Durch geschlechtliche Vereinigung zweier verschiedenartiger Lebewesen kann zunächst keine neue Form erzeugt werden, die durch die folgenden Generationen hindurch konstant bleibt. Es entstehen zwar äußerlich gleiche Bastarde (1. Mendel-Regel), in denen aber die Erbanlagen nicht zu einer neuen Einheit verschmolzen sind, sondern getrennt nebeneinander bestehen. Darum kommen bei einer Kreuzung der Bastarde unter sich in der nächsten Geschlechterfolge neben Bastarden immer wieder die Ausgangsformen zum Vorschein: die Bastarde spalten wieder auf (2. Mendel-Regel). Wenn sich allerdings die Anlagen mehrerer Anlagenpaare zusammenfinden und sich in der folgenden Generation wieder austauschen, dann kann es in der Minderzahl der Fälle vorkommen, daß sich aus den Bastarden zwar die gleichen Anlagen wieder zu reinerbigen Paaren zusammenfinden, daß aber diese reinerbigen Anlagenpaare unter sich vertauscht sind (3. Mendel-Regel). Dann besitzt dieselbe Nachkommenform das eine Anlagenpaar von dem einen seiner Vorfahren (Großeltern), das andere aber von dem anderen. Es ist eine Umkombination entstanden. Solche Umkombinationen sind reinerbig, ergeben also unter sich weitergekreuzt immer wieder dieselben Formen. Diese Bildungsweise neuer erbfester Formen hat für den Züchter große Bedeutung. In der freien Natur scheint sie selten vorzukommen.

Unter Umständen läßt sich die Umordnung ganzer Chromosome zahlenmäßig nachweisen. So hat man z.B. aus *Chrysanthemum marginatum* mit 45 Chromosomen und *Chr. morifolium* mit 27 Chromosomen in der Enkelgeneration eine erbfeste Neukombination mit 36 Chromosomen, also $\frac{45+27}{2}$ Kernschleifen erhalten. Häufiger scheinen schon die Fälle zu sein, in denen die Bastardierung gleichzeitig mit einer Chromosomenverdoppelung oder Chromosomensummation verbunden ist. Dann können unter Umständen neue, nicht erwartete, erblich konstante Merkmale erscheinen. Aus *Brassica Napus* (Raps) mit $n = 18$ und *Br. campestris* (Rübe) mit $n =$

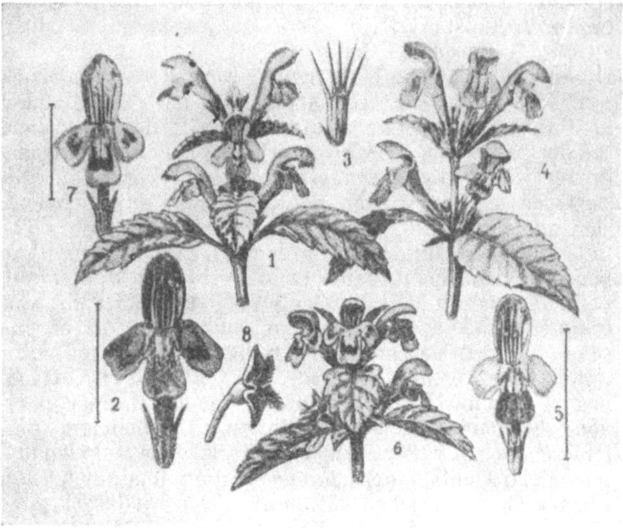

Abb. 22. Artbildung durch Kreuzung. Versuch von Müntzing.
Stammarten: a) Galeopsis pubescens b) Galeopsis speciosa.
Neue Art: c) = Galeopsis Tetrahit.

10 Chromosomen konnte man die erbfeste Form *Br. napocampestris* mit $n = 28$ Chromosomen züchten. Von größter Bedeutung für die Frage nach der Entstehung neuer Formen (Rassen, Arten; Sippen) war die Erkenntnis, daß sich bestimmte Naturarten versuchsmäßig durch Bastardierung aus richtig gewählten anderen Naturarten nachbilden lassen. Müntzing (1932) konnte aus der weichhaarigen Hanfnessel (*Galeopsis pubescens*) und der bunten Hanfnessel (*G. speciosa*) durch Kreuzung eine konstante Form erhalten, die in allen ihren Eigenschaften mit der wilden gemeinen Hanfnessel (*G. Tetrahit*) übereinstimmte (Abb. 22). Ebenso ließ sich

23. Artbildung durch Mutation infolge von Röntgenstrahlen. Versuch von Stubbe. Versuchspflanze: Löwenmaul. 1) Stammform. 2) Neue Form, schmalblättrig, Mutterpflanze bestrahlt.

eine natürlich vorkommende Weidenart (*Salix cinerea*) aus zwei anderen (*S. viminalis* und *S. caprea*) fast formgetreu aufbauen.

Aus mancherlei Gründen dürften diese hybridogen, d. h. durch Kreuzung entstandenen Rassen und Arten in der Natur recht selten sein. Auf diesem Wege ist aus *Spartina stricta* und *Spartina alternifolia* die hybridogene Form *Sp. Townsendii* entstanden, die um 1870 an der Südküste Englands gefunden wurde. Viel häufiger führt ein anderer Vorgang zu neuen Formen, die Mutation (lat. *mutatio* = Änderung). Mutation bedeutet — im Gegensatz zu der an das Einzellebewesen gebundenen Modifikation — Erbänderung. Denn bei ihr verändert sich von einer Geschlechterfolge zur anderen irgendein Merkmal für alle Zukunft. Daraus muß geschlossen werden, daß sich die dem Merkmal zugrundeliegende Erbanlage, das Gen, verändert hat. Solche mutativen Veränderungen können in einem überraschend großen Sprung von einer Generation zur anderen erfolgen, sie können aber auch durch mehrere Generationen hindurch in kleinen, manchmal kaum wahrnehmbaren Schritten — als gerichtete Mutationen — erst nach und nach in Erscheinung treten. Der Vorgang der Mutation hat für die Pflanzenzüchtung ebenfalls große Bedeutung. Eins der vielen Beispiele, das in den letzten Jahren für die Eiweißversorgung eine besondere Rolle spielt, ist die 1927 von v. Sengbusch gefundene bitterstoffreie Lupine, die Süßlupine. Allerdings muß der Züchter auf solche von ihm begehrten Neuformen warten. Es ist noch nicht gelungen, gewünschte Mutanten versuchsmäßig zu erzeugen. Zwar kann man die Erbanlagen durch Bestrahlung und andere Mittel mutativ beeinflussen (Abb. 23). Solche Eingriffe haben aber bis jetzt nur immer zu nicht vorher bestimmbaren Verlustmutationen geführt. Da die Tatsache der Mutation auf Grund von Beobachtungen sicher steht, neigt man dazu, auch die in der Natur da und dort aus den gleichförmigen Sippengenossen sich heraushebenden erblichen Sonderformen als Mutationen zu deuten (schlitzblättrige Rassen, Pyramidenwuchs, Hängeformen u.a. bleibende Abweichungen). Allerdings fehlt hierbei im allgemeinen der Nachweis, daß solche Formen tatsächlich aus einer „Normalform" hervorgegangen sind.

Den klarsten und sichersten Einblick in die entwicklungsgeschichtlichen Vorgänge gewährt uns das streng genealogische Verfahren der experimentellen Erbforschung (= Genetik).

Eine nützliche Erweiterung der Beispiele können wir uns durch verantwortungsbewußtes Ausdeuten der in der Natur vorkommenden Verhältnisse verschaffen, wie sie uns lebende Freiformen bieten. Durch experimentelle Prüfung auf Mutation oder Modifikation ist eine Bestätigung der auf Grund versuchsmäßig gewonnener Erkenntnis entstandenen Annahmen hierbei bedingt möglich.

Unmöglich wird eine derartige Prüfung bei erdgeschichtlich überlieferten Formen, die inzwischen ausgestorben sind. Außerdem können hier die genealogischen Zusammenhänge nie unmittelbar bewiesen werden. Die Gewißheit ist zur Wahrscheinlichkeit aufgelockert. Und dennoch sind uns solche aus der Erdgeschichte gewonnenen Wahrscheinlichkeitsbeweise für die Entwicklungsgeschichte der Lebewesen von ungeheurem Wert, ja geradezu unersetzlich. Denn allein an den in den gewaltigen, über unser Vorstellungsvermögen greifenden Zeiträumen niedergelegten Formen können wir die Formenentwicklung, die Formenwandlung und die Formenvermannigfaltigung des gesamten Organismenreiches erkennen. In zweiter Linie dürfen wir dann weiter wagen, durch vorsichtigen Vergleich mit den aus den heutigen Verhältnissen gewonnenen Erfahrungen gewisse Schlüsse zu ziehen, die die entwicklungsgeschichtlichen Vorgänge betreffen.

II. Erdgeschichtliche Zeugen einer Pflanzenentwicklung.

1. Verschiedenartige Urkunden.

Ob es in der Urzeit der Erdgeschichte überhaupt schon Lebewesen gegeben hat, ist schwer zu entscheiden. Wenn schon, dann sind ihre Formen vollständig verwischt. Vielleicht deutet der Graphitgehalt jener Schichten auf Lebendiges hin, das in ihm seinen eigentümlichsten chemischen Baustoff, den Kohlenstoff, hinterlassen hat. Welcher Art jene Organismen gewesen sein mögen, davon können wir uns unmittelbar überhaupt keine Vorstellung machen. Wir dürfen höch-

Zeitalter in der Entwicklungsgeschichte des Pflanzenreiches

Frühzeit (= Eophytikum)				Altzeit (= Paläophytikum)				Mittelzeit (= Mesophytikum)			Neuzeit (= Neophytikum)			
				Gefäß-Sporen-Pflanzen				Samen-Pflanzen						
Algen				Nackt-Farne (=Psilophyten)	Blatt-Farne (= Pteridophyten) (Farne. Schachtelhalme Bärlappgewächse)			Nacktsamer (= Gymnospermen)			Bedecktsamer (= Angiospermen)			
Präkambrium		Unter-	Ober-	Ober- Mittel- Unter-	Unter-	Ober-	Zechstein Rotliegendes	Keuper Muschelkalk Bunt-sandstein	Malm Dogger Lias	Unter-	Ober-	Oligozän Eozän Paläozän	Pliozän Miozän	
	Kambrium	Silur		Devon	Karbon		Perm	Trias	Jura	Kreide		Tertiär		Quartär
Dauer:	90	70	30	40	30	40	40	25	35	30	50	35	25	Millionen Jahre
	Altzeit (= Paläozoikum)							Mittelzeit (= Mesozoikum)				Neuzeit (= Känozoikum)		

Zeitalter in der Entwicklungsgeschichte des Tierreiches

Tabelle zur Veranschaulichung der für die Entwicklungsgeschichte des Pflanzenreiches in Betracht kommenden Zeiträume. Die beiden Quartärabschnitte Diluvium und das zurzeit ablaufende Alluvium ließen sich wegen ihrer geringen Zeitdauer nicht maßstabgerecht darstellen und blieben deshalb unberücksichtigt. (Zahlenwerte nach Schuchert und Dunbar).

stens Vermutungen hierüber aussprechen, wenn wir den „Gang des Lebens über die Erde“ (Gg. Wagner) von seinen ersten deutbaren Formen ab kennengelernt haben. Solche Formen können nun die in irgendwelchem veränderten Zustand erhaltenen Körper selbst sein, es können aber auch von diesen Lebewesen ausgeschiedene, der Zersetzung Widerstand leistende Hüllen, Hauteinlagerungen — etwa aus Kalk oder Kieselsäure — und andere Hartteile in Betracht kommen. In beiden Fällen wäre es möglich, uns ein genaues Bild wenigstens von der äußeren Gestalt jener vor Jahrmillionen lebenden Körper zu machen. Schließlich könnte uns auch ein Abguß — vielleicht aus erhärtetem Schlamm oder aus darübergerieseltem Sand —, der sich ungestört erhalten hat, in unserer Erkenntnis weiterhelfen. Da uns die ersten Lebensspuren, die wir heute kennen, auf zarte, vielfach unter der natürlichen Sichtbarkeitsgrenze liegende Wesen hinweisen, kommen Abdrücke von außen kaum in Frage. Auch von einer Erhaltung der eigenen Struktur dürfen wir uns nur wenig versprechen, vielleicht schon mehr von einem formgetreuen Ersatz der Gestaltungsstoffe des Körpers durch von außen stammende anorganische Stoffe, der zu Metamorphosen (Versteinerungen) führt. So konnten sich nur unter besonderen, geradezu seltenen Umständen Zeugen aus der Vergangenheit der Pflanzenwelt bilden und erhalten. Welch eine Formenfülle wird für immer verschwunden bleiben!

2. Der Urlebensraum Wasser.

Aus der Frühzeit (= Eophytikum) sind uns als erste, heute überhaupt bekannte Lebewesen neben den fraglichen Resten von Bakterien (= Spaltpilzen = Schizomyzeten) (Abb. 24) die bei dem Stoffwechsel gewisser Blaugrüner Algen (= Spaltalgen = Schizophyzeen) (Abb. 25) entstandenen Kalkabscheidungen von ganz bestimmten Formen, die *Spongiostromata* überliefert. Durch ihre ungeheure Anzahl und ihre unablás-

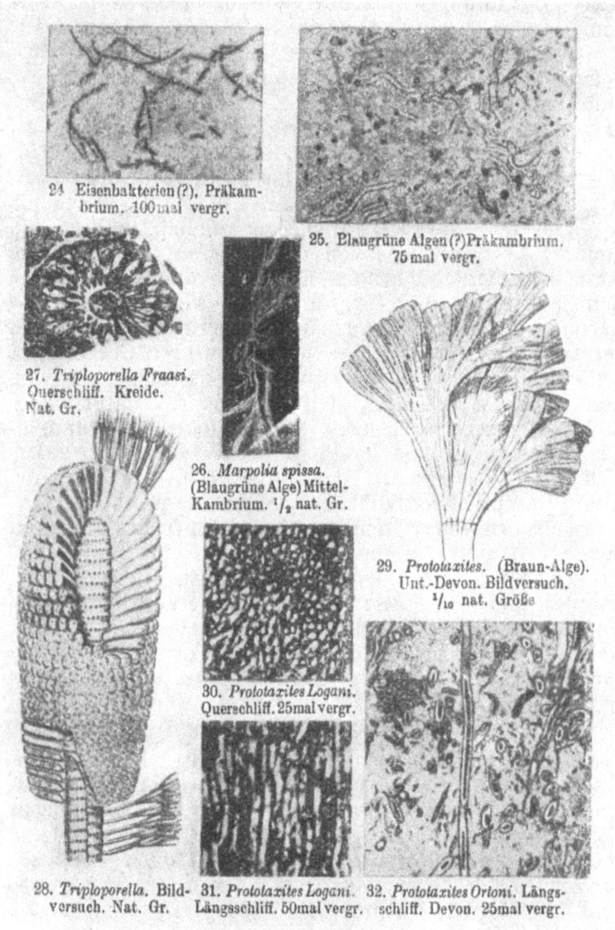

24. Eisenbakterien (?), Präkambrium. 100mal vergr.

25. Blaugrüne Algen (?) Präkambrium. 75mal vergr.

26. *Marpolia spissa.* (Blaugrüne Alge) Mittel-Kambrium. $^1/_2$ nat. Gr.

27. *Triploporella Fraasi.* Querschliff. Kreide. Nat. Gr.

28. *Triploporella.* Bildversuch. Nat. Gr.

29. *Prototaxites.* (Braun-Alge). Unt.-Devon. Bildversuch. $^1/_{10}$ nat. Größe

30. *Prototaxites Logani.* Querschliff. 25mal vergr.

31. *Prototaxites Logani.* Längsschliff. 50mal vergr.

32. *Prototaxites Ortoni.* Längsschliff. Devon. 25mal vergr.

Abb. 24—32. Fossile Bakterien und Algen.

sige Tätigkeit haben jene kleinen einfachen Lebewesen ganze Kalkriffe aufzubauen vermocht. Wir müssen uns damit zufrieden geben, aus diesen frühen Überlieferungen schon einen gewissen Formenreichtum herauslesen zu dürfen. Auf Grund dieser Urkunden aber nun Gattungen oder gar Arten aufzustellen, scheint zu weit gegangen zu sein.

Im Kambrium kommen zu den Blaugrünen Algen Formen der einzelligen geißeltragenden Flagellaten dazu. Selbstverständlich sind uns nur Reste solcher Formen überliefert, die ihren winzigen Körper mit erhaltungsfähigen Kalkplättchen, den Kokkolithen, zu panzern verstanden. Solche „Kalkpanzerträger", Kokkolithophorazeen, erscheinen seit dem Kambrium bis in die Gegenwart. Von den Schizophyzeen kennen wir aus dem Kambrium die röhrchenbildenden *Porostromata* und aus dem Mittelkambrium eine der heutigen Schwingalge *Schizothrix* ähnliche Form: *Marpolia spissa* (Abb. 26) aus der Familie der Oszillatoriazeen. Das sind Algenbüschel, die so zustandekommen, daß mehrere in Zellen gegliederte einfache Fäden zusammen in einer gemeinsamen Scheide eingeschlossen sind. Während wir aus den frühesten Zeiten der Erdgeschichte nur Kunde haben von jenen einfachsten Pflanzen, deren heute noch lebende Verwandte uns zeigen, daß ihr Zellenleib sich noch nicht einmal in Zellplasma und Zellkern gliedert, erscheinen gleich zu Beginn des Silurs neben diesen Spaltalgen vollständig neue Formenkreise: die Grünalgen (= Chlorophyzeen) mit etwa einem halben Hundert Arten und die Rotalgen (= Rhodophyzeen = Florideen) mit einer kleineren Reihe von z. T. noch umstrittenen Formen. Den Hauptanteil der Grünalgen stellt neben den Kodiazeen mit den Gattungen *Dimorphosiphon* und *Palaeoporella* die heute nur in den warmen Meeren lebende Familie der Dasykladazeen (gr. *dasys* = dicht, gr. *klados* = Zweig). Ihre Arten zeichnen sich durch eine ganz merkwürdige Gliederung des Körpers aus: die einzellige Alge besteht aus einem derben langgestreckten Achsenschlauch, an dem seitlich in regelmäßiger Anordnung meist dichtgestellte, einfache oder zierlich verzweigte, manchmal auch an ihrem Grunde oder ihren Enden verdickte, gleichlange Fäden sitzen (Abb. 27, 28). Durch die außerordentliche Mannigfaltigkeit dieser Bildungen kommt ein derart großer Formenreichtum zustande, daß wir schon aus dem Untersilur zehn Gattungen mit etwa 45 Arten kennen, von denen allein die Gattung *Cyclocrinus* 26 Arten liefert. Einen zweiten Höhepunkt ihrer Entwicklung erleben die Dasykladazeen in der Trias. Seit dieser Zeit ist die Familie von 58 versteinert erhaltenen Gattungen auf 10 heute noch lebende zurückgegangen. Im Gestaltungsplan sind sich die Formen durch die ungeheuren Zeiträume hindurch gleich geblieben; nur die Stellung der Seitenäste hat sich von einer zunächst ziemlich zerstreuten zu einer wirteligen entwickelt, in der die Seitenzweige dann Kränze um den Achsenschlauch bilden.

Schon im Silur lebten für uns heute noch etwas rätselhafte Riesenalgen, die Prototaxitazeen, die wir zu den B r a u n a l g e n (= Phaeophyzeen) zählen müssen (Abb. 29). Ihre Reste lassen bis jetzt auf drei verschiedene Arten schließen: *Prototaxites Hicksii, P. Storriei* und *P. Logani* (Abb. 30, 31). Entdeckt wurden sie zunächst im Devon Kanadas. Die für Algen unwahrscheinlich großen Stücke, — Stammstücke von 1 m Durchmesser! —, hielt man für Baumstämme und hatte schnell den Namen *Prototaxites,* d. h. Ureibe, bei der Hand. Aber die mikroskopische Untersuchung zeigte, daß die Stämme nicht aus Holzgewebe bestehen, sondern aus ineinandergeflochtenen Zellfäden, wie das in dieser Weise außer bei Pilzen bei den Tangen, also den großen Meeresalgen der Fall ist. Auch heute noch gibt es solche dickstämmige Formen unter den Algen, so die palmbaumartige *Lessonia* mit ihren schenkeldicken Stämmen im Südlichen Eismeer. Und genau so wie heute noch die Lessonien von den Sturmfluten an den

Strand geworfen werden, so hat das Devonmeer seine Protolaxitazeen an das Land gespien. Vom Sande eingehüllt und allmählich verkieselt, also als echte Versteinerungen, sind sie auf uns gekommen. Ihre Fundorte — Kanada und Rheinland — lassen auf ihre weite Verbreitung schließen. Zu der auch im Devon gefundenen silurischen Art *Pr. Logani* kommen nun noch andere hinzu wie *Pr. psygmophylloides* aus dem Unter-Devon, *Pr. crassus, Pr. Laxus, Pr. tenuis, Pr. Dechenianus, Pr. forfarensis* und *Pr. Ortoni*. (Abb. 32). Ob nun im Devon neben diesen beherrschenden Braunalgen und neben den uralten Schizophyzeen — aus dem Devon ist *Archaeothrix oscillatoriaeformis* bekannt — bereits schon die Kieselalgen (= Diatomeen), die Schmuckalgen (= Desmidiazeen) und die Armleuchteralgen (= Charophyten) ihre ersten Vorläufer hatten, ist nach den undeutlichen Resten immer noch sehr fraglich.

3. Der neue Lebensraum Luft.

a) Vom Wasser auf das Land.

Oberstes Silur bis Mitteldevon: Nacktfarne (Psilophyten). Die ersten Gefäßpflanzen.

Lange Zeit kannte man keinerlei Zwischenformen, die die klaffende Lücke zwischen den frühen, in ihrer Gestalt verhältnismäßig einfachen Algen und den mit einem Male erscheinenden, geradezu überraschend vielgestaltigen und hochentwickelten Pflanzen der Steinkohlenzeit (Karbon) hätten ausfüllen können. Man war bei dem Mangel an guten Funden derart auf die „Algenzeit" eingestellt, daß man sämtliche Reste aus dem „Pflanzenhäcksel" unterdevonischer Schichten ohne weiteres für Algen hielt. So kam die nach der Braunalge *Haliseris* benannte fossile Gattung *Haliserites* zustande, deren Vertreter sich später bei eingehender Durchforschung als Pflanzen mit besonders entwickeltem Wasserleitungsgewebe, mit einem Gefäß- oder Leitbündel, entpuppten. Diese Neubildung kann Teile des Körpers auch dann mit Wasser versorgen, wenn sie nicht ringsum von ihm umgeben sind. Das bedeutet aber, daß es solchen Pflanzen möglich ist, in einen neuen Lebensraum vorzudringen, nämlich aus dem Wasserleben zum Luftleben überzugehen und sich in diesem neu eroberten Lebensraum auch räumlich und gestaltlich zu entfalten. Zwar machen die leitbündellosen Algen auch schon tastende Versuche, aus ihrem eigentlichen Lebenselement herauszukommen, aber sie halten sich dann zumeist — der wasserdurchtränkten Unterlage fest angeschmiegt — nur in feuchter Luft. Ebenso sind die gefäßbündelfreien Pilze auf hohe Feuchtigkeit ihrer Umgebung angewiesen. Auch die Moose bringen es noch nicht fertig, ihren Körper weit und frei in den Luftraum hineinragen zu lassen, da sie kein inneres Wasserversorgungssystem besitzen, das aufgenommenes Bodenwasser in ihrem Körper nach oben führt. Und wenn einige Formen aus den genannten Gruppen imstande sind, in dörrender Sonnenglut ihr Leben zu erhalten, wie die Veilchensteinalge (*Trentepohlia Jolithus*), viele Flechten und die auf Trockenfelsen wachsenden Moose, dann befinden sie sich während der wasserlosen Zeit in Trockenstarre. Ihr Protoplasma vermag gegenüber dem der meisten anderen Lebewesen in hohem Grade zu entquellen, ohne daß es die Lebensfähigkeit einbüßt. Außer den erwähnten, zunächst für Tange gehaltenen Pflanzenresten des Devons fand man in den gleichen Schichten Norwegens Sporenkapseln, die an den Enden von Stielen saßen. Da unter den heute lebenden Pflanzen nur die Moose solche endständigen Sporangien besitzen, hielt man diese devonischen Funde für Moosreste. An höher entwickelte Pflanzen wagte man noch nicht zu denken. So wurde auch der Versuch von Dawson allgemein abgelehnt, der 1859 zum ersten Male aus den pflanzlichen Überresten in kanadischem Devon das Gesamtbild eines bis dahin noch unbekannten Pflanzentypes wiederherzustellen wagte: *Psilophyton princeps* (Abb. 42).

Und Dawson behielt grundsätzlich recht! Um 1920 beschrieben Kidston und Lang aus dem Unter- (oder unteren Mittel-?) Devon Schottlands ähnliche Pflanzen. Auf Grund der Fundverhältnisse in einem verkieselten Torfboden müssen es Formen gewesen sein, die ähnlich unseren Binsen in dichten Beständen gleich einem Rasen den Moorboden bedeckten. Aus waagerecht dahinkriechenden Wurzelstöcken (Rhizomen), die noch keine echten Wurzeln, sondern nur Rhizoiden besaßen, wuchsen stielrunde, blattlose Sprosse nach oben (Abb. 33). Diese verzweigten sich wenige Male in gleichwertige Äste, sie gabelten sich (dichotome Verzweigung). Einige Zweigenden waren keulenförmig angeschwollen: eine zweischichtige Wand bildete einen Hohlraum, der mit Sporen angefüllt war (Abb. 51). Das sind die endständigen Sporangien (Sporenkapseln), wie sie auch die norwegischen Funde zeigten. Das Zellgewebe der Wachstumsspitzen (Vegetationspunkte) besitzt vorn eine größere Anzahl von gleichwertigen Bildungszellen; wir finden hier also nicht den Typus der Scheitelzelle wie bei den Algen, Pilzen und Moosen und auch bei den Wurzeln vieler Farne. Das urtümlich ausgebildete Leitbündel (Protostele) (Abb. 43, 44, 45) durchzieht die Mitte der Sprosse: ein aus wenigen Tracheiden, also wasserleitenden, gestreckten toten Zellen, gebildeter Holzteil wird ringsum von einem schwach ausgebildeten Siebteil aus dünnwandigen lebenden Röhrenzellen umgeben, der unmerklich in das mächtig entwickelte äußere Rindengewebe übergeht. Dieses ist nach außen von einem einschichtigen Oberhautgewebe (= Epidermis) abgeschlossen, das etwas eingesenkte Spaltöffnungen mit einfachen Schließzellen (Abb. 43, 49) besitzt. Von diesen Pflanzen ließen sich drei Formen unterscheiden, von denen zwei wegen ihrer größeren Ähnlichkeit zu einer Gattung gestellt worden sind: *Rhynia major* (Abb. 33) von ungefähr einem halben Meter Höhe und die kleinere *Rhynia Gwynne-Vaughani* (Abb. 34), beide mit gleichmäßig langgestrecktem Wurzelstock. Inzwischen sind auch aus dem Hunsrückschiefer, also ebenfalls aus dem Unterdevon, ähnliche Reste beschrieben worden: *Rhynia gemündensis*. *Hornea (= Horneophyton) Lignieri* (Abb. 35) aus Schottland besitzt dagegen ein knollig gegliedertes Rhizom und zeigt im Sporangium (Abb. 53) einen Gewebezapfen (*Columella*), der vom Kapselgrunde in das Innere der Sporenmasse vorstößt, ähnlich wie bei den Moosen. Die Sporen wurden in Vierergruppen (Tetraden) (Abb. 52) angelegt, was auf eine Reduktionsteilung (Vereinfachung des doppelten (= diploiden) Kernschleifensatzes) hinweist. Zwischen die haploide (= mit einfachem Kernschleifensatz versehenen) Spore und die diploide sporentragende Pflanze (= Sporophyt) muß sich eine noch unbekannte geschlechtliche Generation eingeschoben haben, die die Vereinigung zweier haploider Kernschleifen- (= Chromosomen-) Sätze ermöglichte.

Unsere Kenntnisse über diesen Formenkreis wurden um 1930 bedeutend erweitert durch die von Kräusel und Weyland bearbeiteten reichen Funde aus dem rheinischen Unterdevon (Wahnbachtal bei Siegburg). Es konnte gezeigt werden, daß die von Göppert als Alge beschriebene *Haliserites* ebenfalls in den Formenkreis der Psilophyten gehört: *Taeniocrada* (= *Haliserites*) *dechеniana* (Abb. 38) besaß in der Mitte ihres bandartigen (Breite bis 1,5 cm), gabelig sich verzweigenden Körpers ein Leitbündel mit Tracheiden, das sich deutlich als Mittelrippe abhebt. Die Enden mancher Triebe verzweigten sich reichlicher und trugen Sporangien. In Form von lockeren Trauben streckte diese Wasserpflanze ihre Sporangienstände über die Wasseroberfläche. Denselben Standort teilte das seegrasähnliche *Zosterophyllum rhenanum* (Abb. 37), dessen nierenförmige Sporenkapseln in dichteren Ähren zusammenstanden. *Zosterophyllum* ist nicht nur in Deutschland,

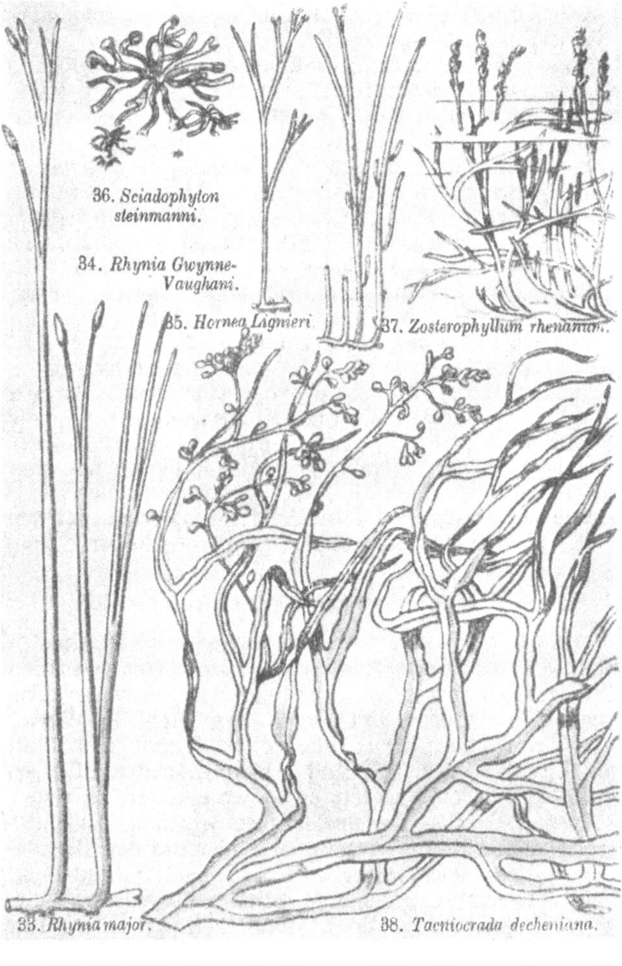

Abb. 33—38. Psilophyten des Unter- und Mitteldevons. 1/4 nat. Gr.

sondern auch in Schottland und Australien gefunden worden. Im Gegensatz zu den beiden zuletzt genannten Wasserpflanzen entwickelte sich *Sciadophyton steinmanni* (Abb. 36) auf dem Lande. Seine bandförmig flachen, wenig gegabelten Sproßteile legten sich sternförmig nach allen Seiten auseinander. Auch sie waren von einer Mittelrippe durchzogen. Bruchstücke davon wurden ursprünglich von Steinmann mit *Sciadopitys*, der japanischen Schirmtanne, in Verbindung gebracht; daher rührt der Name. *Sciadophyton* ist auch in Kanada bekanntgeworden. Arber (1921) hat die Psilophyten für hochentwickelte Lagerpflanzen (= Thallophyten) gehalten. Daß Leitbündel vorhanden waren, veranlaßte dagegen Kräusel (1923), diese bedeutsame Gruppe als die ersten der uns bekannt gewordenen Gefäßpflanzen von noch sehr einfacher Organisation aufzufassen. Da der Körper der einfachsten Formen nicht in Stengel und Blätter ausgegliedert ist, die Pflanzen (gr. *phyton* = Pflanze) also unbeblättert oder nackt (gr. *psilos* = nackt) erscheinen, bezeichnet man die Psilophyten auch als Nacktfarne. Stolley (1925) stellte sie vorsichtigerweise den Thallophyten und den Gefäßpflanzen als besondere Gruppe gegenüber.

Die ersten Blattträger.

Die bis jetzt betrachteten Psilophyten unterscheiden sich von den heute lebenden Gefäßpflanzen, also den Pflanzen mit besonders ausgebildetem Leitungssystem, vor allem dadurch, daß ihr Körper nicht in Wurzel und Sproß und dieser wieder in Stamm und Blatt ausgegliedert war. Wir sind gewohnt, an den Pflanzen der Gegenwart Stengel und Blätter deutlich zu unterscheiden. Gewisse Ausgestaltungen wie z. B. die federkielförmigen Blätter der Binsen, oder die blattflächenartig ausgebildeten, seitlichen Kurztriebe (Phyllokladien) des Mäusedorns *(Ruscus)* verleugnen zunächst ihre Organ-Zugehörigkeit. Doch läßt sich ihre wahre Natur

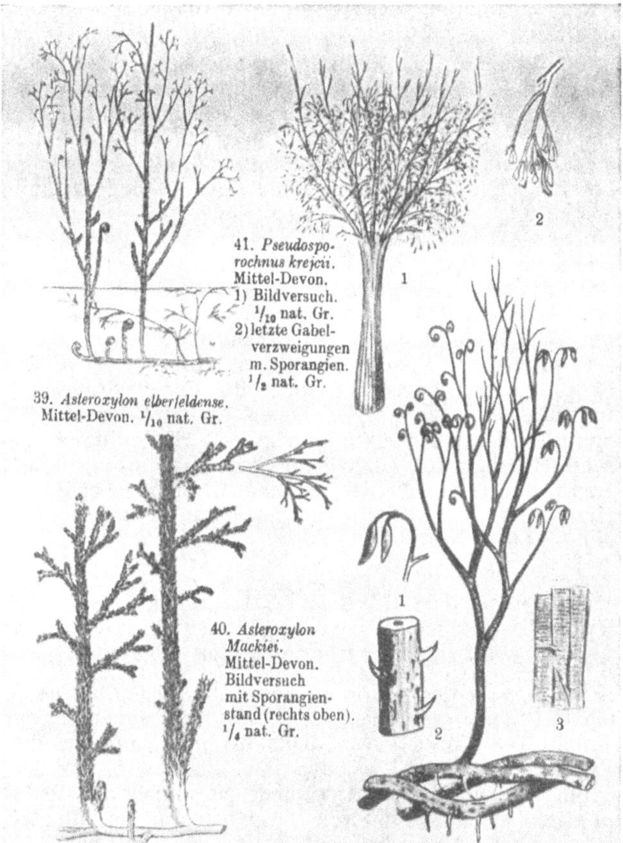

Abb. 39—42. Psilophyten des Unter- und Mitteldevons.

durch entwicklungsgeschichtliche Untersuchungen entdecken.

Wir können zwei Blattypen unterscheiden: das Kleinblatt (mikrophyller Typ), nämlich die Nadel- und Schuppenblätter der Bärlappe, Schachtelhalme und Nadelhölzer, und das Großblatt (makrophyller Typ), also das flächig ausgebreitete Blatt, wie wir es bei Farnen und geschlossenfrüchtigen (= bedecktsamigen = angiospermen) Pflanzen finden, aber auch bei einigen offenfrüchtigen (= nacktsamigen = gymnospermen) wie z. B. *Ginkgo.* Es ist nun für die Erforschung der Entwicklungsgeschichte von großer Bedeutung, daß wir aus dem Zeitalter der ersten Gefäßpflanzen aus dem Kreise der Psilophyten heraus Vorläufer der Blattträger, sowohl der Kleinblättler als auch der Großblättler, besitzen. Ja, sogar die Entwicklungsrichtungen nach der verschiedenen Blattstellung hin, ob spiralig oder wirtelig (= quirlig) — mit der damit zusammenhängenden Gliederung des Stammes — lassen sich schon unterscheiden. Es handelt sich dabei in der Hauptsache um Übergangsformen aus dem Mitteldevon.

Vorläufer der Kleinblättler (*Mikrophyllinae*). Spiralstellung — ungegliederter Stamm: Bärlappartige (= *Lycopsida*).

Mit *Rhynia* und *Hornea* zusammen wurden die Reste einer Pflanze gefunden, die trotz der andersartigen Tracht (= Habitus) von Kidston und Lang zu den Psilophyten gestellt worden ist: *Asteroxylon Mackiei* (Abb. 40). Die Hauptunterschiede gegenüber den Psilophyten im engeren Sinne bestehen in der dichten Beblätterung der Luftsprosse und in der verwickelteren Ausbildung des Leitbündels. Allerdings handelt es sich insofern noch nicht um echte Blätter, als die Blattbündel im Stamm nur bis an den Grund der Schuppen laufen, aber nicht als Mittelrippe die

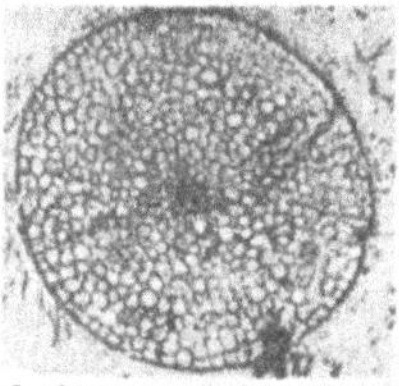

43. *Rhynia Gwynne-Vaugh.* Sproß quer. 15mal vergr.

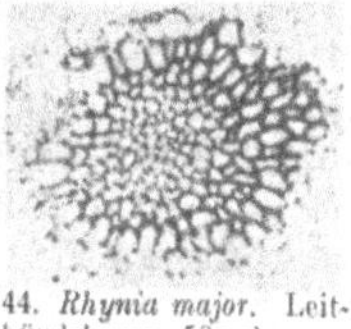

44. *Rhynia major.* Leitbündel quer. 50mal vergr.

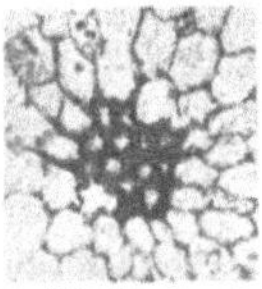

45. *Rh. Gw.-Vaugh.* Leitbündel quer. 100mal vergr.

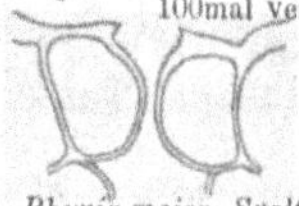

49. *Rhynia major.* Spaltöffnung im Querschnitt.

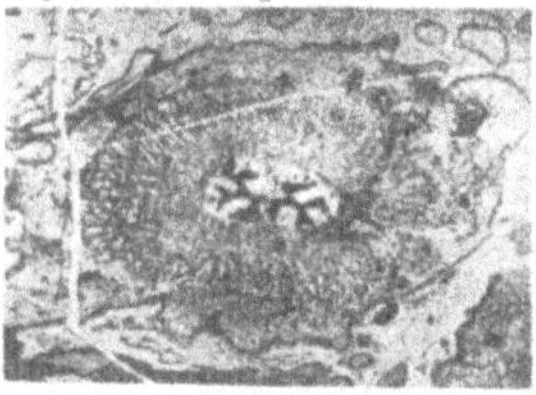

46. *Asteroxylon Mackiei.* Sproß quer. 8mal vergr.

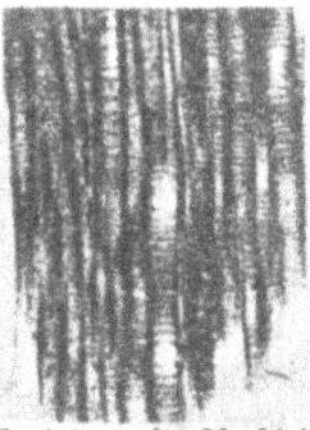

47. *Asteroxylon Mackiei.* Leitbündel längs. 50mal vergr.

50. *Asterox. Mackiei.* Sporangium längs. 15mal vergr.

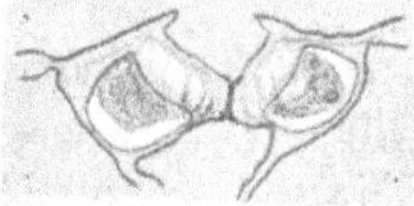

48. *Asteroxylon Mackiei.* Spaltöffnung im Querschn.

51. *Rh. major.* Sporang. längs. 2mal vergr.

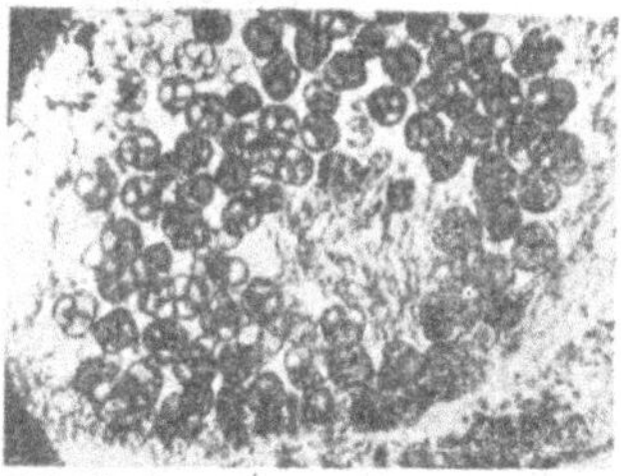

52. *Hornea Lignieri.* Sporangium quer. Sporen in Vierergruppen. 50mal vergr.

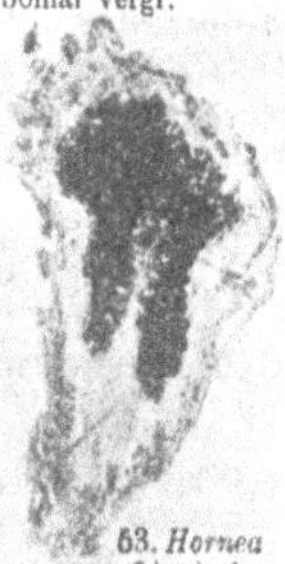

53. *Hornea Lignieri.* Sporangium längs. 15mal vergr.

Abb. 43–53. Psilophytenanatomie.

Blattfläche durchziehen. Diese besitzen zahlreiche Spaltöffnungen, deren Schließzellen ähnlich denen der Geschlossenfrüchtigen (= Angiospermen) an den Innenwänden mächtige Verdickungen aufweisen (Abb. 48). Das Leitbündelsystem ist im Gegensatz zu der einfachen Protostele von *Rhynia* eine Aktinostele: der Holzteil geht von mehreren Bildungssträngen aus und entwickelt sich in Gestalt von ungefähr radial gestellten Platten (Abb. 47), die in ihrer Gesamtheit vom Siebteil umgeben sind (Abb. 46). So kommt auf dem Querschnitt ein sternförmiges Muster zustande, das die Ursache für die Namengebung wurde: *Asteroxylon* = Sternholz. Aus dem rheinischen Mitteldevon (Elberfeld) stammen derart guterhaltene Reste einer ganz ähnlichen Art, *Asteroxylon elberfeldense* (Abb. 39), daß man sich nun ein vollständiges Bild von diesem merkwürdigen Pflanzentypus machen kann. Die aus den unbeblätterten, im Schlammboden kriechenden Wurzelstöcken sich spiralig entrollenden über 60 cm hohen, stark verzweigten Sprosse bildeten im seichten Wasser schilfartige Dikkichte. Dichtstehende Schuppen umhüllten die unteren, stärkeren Teile der Luftsprosse. Weiter oben wurden sie von locker gestellten Dörnchen, wie sie auch Dawsons *Psilophyton* trug (Abb. 42 b), abgelöst. Die letzten, feinen Gabelzweige waren nackt und endeten zum Teil mit Sporangien. An den Sporenkapseln der schottischen Art konnte nachgewiesen werden, daß sie sich ähnlich wie die Farnsporangien an einer durch besonders gestaltete Zellen vorgebildeten Rißstelle öffneten (Abb. 50). Das Leitbündel der Elberfelder Art besaß als Weiterbildung gegenüber der schottischen in seiner Mitte Markgewebe.

Über die ganze Erde verbreitet und schon im Unterdevon erschien *Drepanophycus spinaeformis* (= *Arthrostigma gracilis*). Aus finger- bis armdicken Kriechsprossen trieben etwa 40 cm hohe Gabelzweige senkrecht nach oben. Spiralig saßen an ihnen dornförmige Blättchen, die, wie es scheint, ihrer ganzen Länge nach von

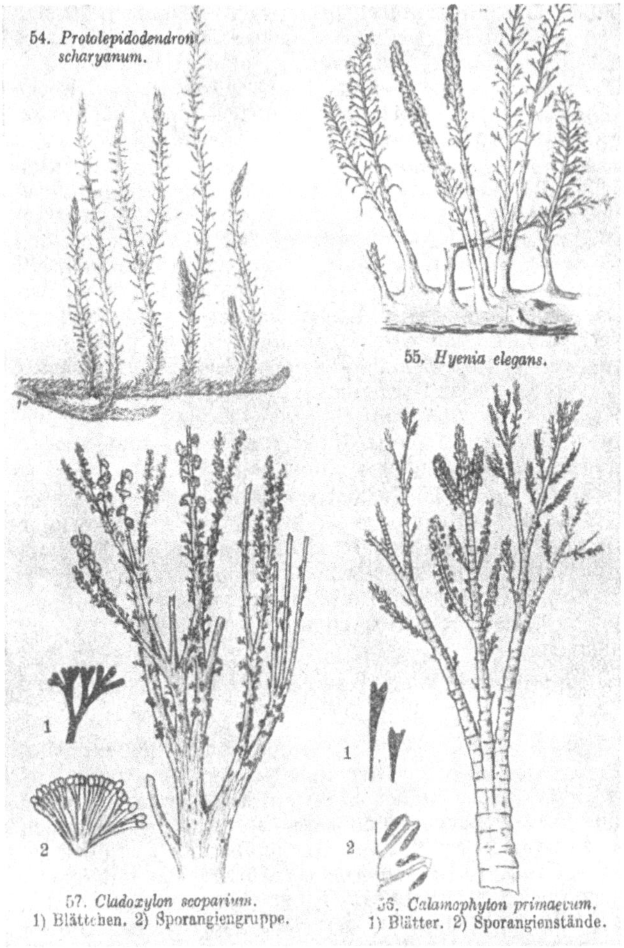

Abb. 54—57. Blatträger des Mitteldevons, 1/4 nat. Gr.

einem Leitbündel durchzogen waren. Einige Blättchen trugen auf ihrer Oberseite kugelige Sporenkapseln, so daß die Pflanze etwas an die nicht ährentragenden Bärlapp-Arten z. B. Tannenbärlapp (= *Lycopodium selago*) erinnert. Der Eindruck eines Bärlappgewächses wird noch wesentlich verstärkt bei *Protolepidodendron scharyanum* (Abb. 54), das aus dem Mitteldevon Böhmens und Elberfelds, in einer langblättrigen Form auch schon aus dem rheinischen Unterdevon (Wahnbachtal) bekannt geworden ist. Die an den Enden meist gabelig geteilten Blättchen trugen in ihren Achseln Sporangien und hinterließen nach dem Abfallen an den krautigen, etwa 20 cm langen Sprossen rautenförmige Vertiefungen, wie wir sie ähnlich von den Schuppenbäumen (*Lepidodendron*-Arten) der Steinkohlenzeit kennen. In diesen Formenkreis gehört auch *Haplostigma irregulare* aus dem Mittel- und Oberdevon Südafrikas mit kräftigen, bis 5 cm dicken, sich hin und wieder gabelig verzweigenden Stämmchen.

Ob die baumförmige *Duisbergia mirabilis*, von der im Elberfelder Mitteldevon bis 3 m lange keulenförmige Stämme von 30 cm Durchmesser gefunden worden sind, mit ihren wie ausgefranst erscheinenden starren Blättern irgendwelche Beziehungen zu den Bärlappvorläufern hat, läßt sich noch nicht entscheiden.

Quirlstellung — gegliederter Stamm: Gliederpflanzen (= Articulatae).

Hyenia elegans (Abb. 55) erinnert in ihrer Tracht an *Protolepidodendron*, aber ihre wiederholt gabelig verzweigten Blätter stehen nicht spiralig, sondern wirtelig um die Sproßachse, und zwar so, daß zwischen den Blattquirlen blattlose Stengelabschnitte erscheinen. Bei *Calamophyton primaevum* (Abb. 56), das mit *Hyenia* zusammen im Mitteldevon Elberfelds gefunden worden ist, tritt die Gliederung des Stengels dadurch noch mehr in Erscheinung, daß dieser an den Blattquirlen wulst- oder knotenförmig verdickt ist. So lassen sich an ihm die bei den Schachtelhalmgewächsen (z. B. Abb. 63—69) so auffallenden blatttragenden Knoten von den blattlosen Zwischenknotenstücken (= Internodien) unterscheiden. Allerdings ist die Wirtelstellung der Blätter noch nicht so streng durchgeführt wie bei den späteren Artikulaten. Besonders zeigt die Stammbasis noch Unregelmäßigkeiten. Hieraus darf man wohl schließen, daß die Quirlstellung entwicklungsgeschichtlich aus der Spiralstellung hervorgegangen sein mag.

Auch in der Ausbildung der Sporangienstände bestehen grundsätzliche Unterschiede gegenüber den endständigen Einzelsporangien des *Rhynia*-Formenkreises und den auf der Blattoberfläche — zumeist in der Blattachsel — sitzenden Sporenkapseln der Lykopsiden-Vorläufer. Dagegen finden wir deutliche Anklänge an die sporenerzeugenden Teile der Artikulaten, z. B. unserer Schachtelhalme. Ähnlich den Blättern waren bei *Hyenia* und *Calamophyton* auch die sporangientragenden Organe gabelig verzweigt und quirlig um die Achse angeordnet. Die Gabelenden krümmten sich zurück, so daß die daran sitzenden länglichen Sporenkapseln nicht frei ausgestreckt waren, sondern nach unten hingen (Abb. 56b). Auch bei den Schachtelhalmen hängen mehrere Sporensäckchen an ihrem Träger nach unten. Ebenso stimmt die Gesamtanordnung der Sporangien zu endständigen nicht mit Laubblättern untermischten Ähren überein.

Der wesentliche Unterschied in der Ausgestaltung der Vorläufer der Gliederpflanzen und diesen selbst liegt in der Art der Sproßverzweigung. Dort finden wir noch die urtümliche Gabelverzweigung, — allerdings sind die Gabelstellen schon derart verlegt, daß wir unter Umständen den Eindruck eines Sproßbüschels bekommen —, hier wächst ein Kranz von Nebenzweigen an den Knotenstellen aus der Hauptachse heraus.

Vorläufer der Großblättler (= *Makrophyllinae*).

Zu dem Formenkreis der Psilophyten wird eine kleine baumartige Pflanze gezählt, die sowohl in den Schichten des böhmischen Mitteldevons als auch in den entsprechenden des Rheinlandes gefunden worden ist: *Pseudosporochnus krejcii* (Abb. 41). Die Höhe wird verschieden (0,60 m bis 3 m) angegeben. Von der Gesamtlänge nimmt der Stamm etwa die Hälfte ein. Er teilt sich mit einem Male in eine größere Anzahl von langen Gabelästen, die eine große Menge von feinstengeligen, gabelig zerteilten Ausgliederungen tragen, deren Enden entweder flächig verbreitert sind oder keulig angeschwollene Sporangien besitzen (Abb 41_2). Die zarten, blattflächenartig ausgebildeten Sproßteile machen ganz den Eindruck, als ob sie der Assimilation gedient hätten.

Aus dem Elberfelder Mitteldevon sind die Reste einer Pflanze bekannt geworden, die man sich als schlanken Baum von 3 bis 4 m Höhe mit riesigen Fiederblättern vorzustellen hat. Wir werden dabei ganz an das Aussehen der Baumfarne erinnert. Die eingehende Untersuchung hat aber gezeigt, daß die Fiederblätter anders gestaltet sind als die unserer heutigen Pflanzen. Die Fieder jenes Blattes liegen nicht flächig in einer Ebene, sondern die Verzweigungen dieses mehrfach gefiederten Organes erstrecken sich in die drei Ebenen des Raumes. Außerdem besteht das ganze blattähnliche Verzweigungssystem — mit Ausnahme der Fiederchen letzter Ordnung — aus Holzgewebe, wie wir es etwa von den Offenfrüchtlern (= Gymnospermen) her kennen. Kräusel sieht darin ein „psilophytal-mikrophylles Achsenorgan mit Mikroblättern, das bereits völlig das Aussehen eines Makroblattes hat". Über die Fortpflanzungsweise dieses eigenartigen Baumes *Aneurophyton germanicum* ist nichts bekannt.

Ebenfalls blattartige Sproßsysteme mit Fiederung, ohne scharfe Ausgliederung in Blatt und Stamm besitzen *Protopteridium hostimense* (= *Milleria* = *Spiro-*

pteris) und vier andere Arten dieser Gattung aus dem Mitteldevon Böhmens. Zwei nahe verwandte Formen stammen aus dem rheinischen Mitteldevon. Die zarten Wedel gehören zierlichen Pflanzen an, die kriechend den Boden überzogen.

Zur gleichen Zeit lebte ein kleiner gabelästiger Strauch, dessen Hauptsprosse bis 2 cm dick waren: *Cladoxylon scoparium* (Abb. 57). In Spiralstellung saßen — besonders an den oberen dünnen Trieben — handförmig geteilte aderlose Blättchen, die zwar alle gabelig angelegt waren, aber hin und wieder doch eine deutliche Neigung zur Fiederteiligkeit zeigten. Die gleiche Erscheinung können wir besonders häufig und deutlich an Farnblättern erkennen: die Gabelverzweigung geht durch Übergipfelung, d. h. durch wechselweises Stärkerwerden der Gabeläste, in Fiederverzweigung über. Einige der *Cladoxylon*-Blättchen trugen an den Enden der Gabelriemen Sporangien (Abb. 57 2).

Aus dem Mitteldevon Böhmens sind beblätterte, gabelig verzweigte Sproßstücke bekannt geworden, die jedenfalls einem Baume angehörten: *Barrandeina dusliani.* Die Blätter sind bis über 7 cm lang, einfach riemenförmig, oder einmal bis mehrmals gegabelt. Die größeren besitzen an einem schmäleren stielartigen Teil eine im Gesamtumriß keilförmig-dreieckige Spreite. Ihr Inneres wird von einigen parallellaufenden, sich gabelig aufteilenden Nerven durchzogen. Das Blatt dieser noch rätselhaften Pflanze, die man mit den Bärlappgewächsen in Verbindung bringt, erinnert etwas an tiefgeteilte *Ginkgo*-Blätter.

b) Körperausgestaltung:

Baumentwicklung auf verschiedenen Wegen.

Oberdevon bis Rotliegendes: Blattfarne (Pteridophyten).

Der neu eroberte Lebensraum Luft wurde, nachdem die Pflanzen in der Wende zum Devon erst einmal vom

Wasser- zum Landleben vorgedrungen waren, immer mehr von Pflanzenformen erfüllt. In dichten Rasenbeständen, der Wuchsform vieler Psilophyten, überzogen sie den nackten Boden mit einem grünen Teppich. Allmählich versuchten die Gewächse von der Oberfläche des Bodens aus in den Luftraum hinaufzudringen. Dabei mußten sie aus eigener Kraft ihren Körper stützen.

Je fester und kräftiger dieser wurde, desto weiter konnten sie sich mit ihren äußersten Enden von dem tragenden Boden entfernen. In dichten Beständen hochgewachsener Pflanzen fehlt den unteren Teilen das zur Kohlenstoffassimilation so notwendige Licht. Nur die hochgetragenen Assimilationsflächen behalten ihre Bedeutung. Der Baumtyp mit Stamm und Laubkrone wird solchen Verhältnissen am besten gerecht. Hochragende Bäume erfordern aber besonders starke Ernährung. Sowohl die Aufnahme und Weiterleitung der aus dem Boden stammenden Nährlösung, als auch die Bereitung organischer Nährstoffe in der Pflanze selber setzen besondere Einrichtungen voraus. Jene verlangt ein genügend entwickeltes Wurzel- und Wasserleitungssystem, diese vorteilhaft ausgestaltete Assimilationsorgane mit möglichst großer, im Lichte ausgebreiteter Oberfläche.

An den Sporenpflanzen des Pteridophyten-Zeitalters können wir die schrittweise Ausgestaltung der genannten Merkmale zeitlich verfolgen. Wir richten zunächst unser Augenmerk bei der in den meisten Gruppen herrschenden grundsätzlichen Aehnlichkeit der Fortpflanzungsweise besonders auf die Entwicklung der vegetativen Organe, und zwar nach den erwähnten Gesichtspunkten: mechanische Festigung, Wasserleitung, Laubblattbildung. Da hat es besonderen Reiz, die verschiedenartigen Wege zu verfolgen, die jedesmal zur Stammbildung geführt haben.

Bärlapp-Gruppe
(Rindenstämme, Kleinblätter).

Wenn wir den Bärlapptyp (S. 64) durch die verschiedenen erdgeschichtlichen Zeitalter hindurch verfolgen, erkennen wir eine ständige Größenzunahme der Pflanzen von den ersten krautigen Vorläufern des Unterdevons (*Drepanophycus spinaeformis*) (S. 62) über die mitteldevonischen *Protolepidodendron*-Arten (S. 64), die ebenfalls noch krautigen Formen *Leptophloem* und *Archaeosigillaria* des Oberdevons zu den schon baumförmigen aus derselben Formation: *Archaeosigillaria primaeva* (5 m langer Stamm bekannt), *Porodendron Isachseni* und einige *Eu-Cyclostigma*-Arten von etwa 8 m Höhe. Diese Entwicklung schreitet durch das Unterkarbon fort, bis sie im mittleren Oberkarbon einen ungeahnten Höhepunkt erreicht: Schuppenbäume (*Lepidodendron*-Arten) bis zu 30 m Höhe (Abb. 58) mit einem Stammgrund von etwa 2 m Durchmesser, Siegelbäume (*Sigillaria*-Arten) (Abb. 61) wohl gegen 20 m hoch, mit Stämmen von ungefähr 1 m Durchmesser!

Wie konnten sich solche mächtigen Pflanzen aufrecht halten?

Die Stämme unserer heutigen Bäume bestehen in der Hauptsache aus Holz (S. 89). Die mächtige Holzsäule ist gleichsam eingehüllt in eine dünne Schicht einer weicheren Gewebeart, in die Rinde. Zwischen Holz und Rinde liegt als Bildungsgewebe das Kambium, das durch ständige Zellteilung viel Holz und wenig Rinde erzeugt. Ein zweites, ganz außen in der Rinde liegendes Bildungsgewebe, das Korkkambium oder Phellogen, sorgt bei älteren Zweigen und bei den Stämmen für einen verdunstungssicheren äußeren Abschluß der Rinde. Es bildet nach außen den derberen Kork und nach innen ein zartwandiges Gewebe, die Korkhaut oder Phelloderm.

Grundsätzlich finden wir dieselben Gewebe schon bei den Bärlappbäumen. Aber hier waren — im

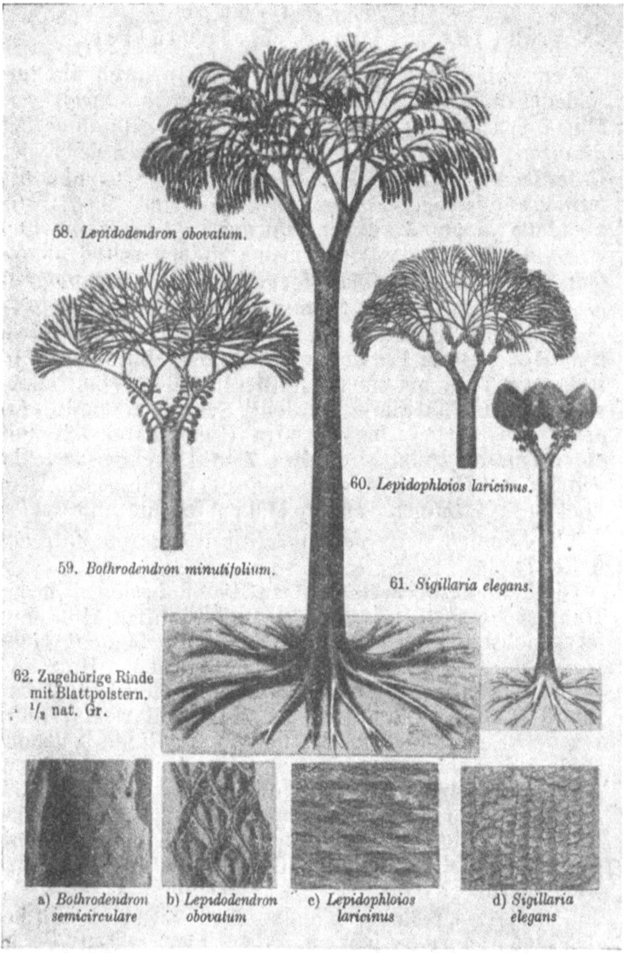

Abb. 58—62. Bärlappbäume des mittleren Oberkarbons.
Abb. 58—61 1/200 nat. Gr.

Gegensatz zu unseren jetzigen Stämmen — bedeutende mengenmäßige Unterschiede in bezug auf die verschiedenen Gewerbearten, so daß sich ein ganz anderer statischer Aufbau ergab. Die R i n d e war bei ihnen im Vergleich zu dem schwach entwickelten Holze in einer überraschenden M ä c h t i g k e i t ausgebildet. Die Rinde bildete eine schmälere Innenzone aus locker gefügten Zellen als Durchlüftungssystem und eine breite Außenzone — in der Hauptsache aus derbwandigen Zellen —, die in ihrer Gesamtheit ein mechanisches Festigungsgewebe darstellten. Dieses Festigungsgewebe hatte die gleiche Aufgabe wie das Holz unserer heutigen Bäume. Zimmermann hat festgestellt, daß bei gleicher Stammdicke auf den Durchmesser der jetzt lebenden Bäume (Fichte, Kiefer, Buche, Linde) durchschnittlich 13,5% Rinde und 86,5% Holz entfallen, bei den Bärlappbäumen *Lepidodendron* und *Lepidophloios* (Abb. 60) dagegen 88,4% Rinde und 11,6% Holz. Mit Recht bezeichnet er diese auffallenden Formen als „R i n d e n - b ä u m e“.

Das sich ständig verstärkende und für seine Aufgaben erneuernde Holz der Bäume der Mittel- und Neuzeit hat aber außer seiner Funktion als mechanisch wirkendes Stützgewebe noch eine weitere lebenswichtige: die Wasser- oder richtiger die Nährlösungsleitung vom Boden in die Krone.

Hierfür war die Rinde der Schuppenbäume nicht geeignet. Es stand zunächst nur der schmächtige, in der Stammitte liegende Holzkörper des verhältnismäßig dünnen Leitbündels zur Verfügung, allerdings jenes Leitbündels, das als Neuerwerbung die Psilophyten seinerzeit befähigte, den Lebensraum zu erweitern. Auch in der Einfachheit seiner Ausbildung erinnert das Leitbündel vieler frühen, z. B. unterkarbonischen Bärlapptypen an das der Psilophyten (vgl. Abb. 43, 44 und 45, S. 61), wenn es auch in seiner Anlage etwas davon abweicht. So besaßen mehrere *Lepidodendron*-Arten des Unterkarbons einen aus Tracheiden, also toten wasserleitenden Zellen bestehenden, marklosen Holz- oder Gefäßteil, der als einheitlicher Strang die Mitte des Stammes durchzog: die Protostele. Von ihr unterscheidet sich die bei allen oberkarbonischen (und übrigens auch schon einigen unterkarbonischen) *Lepidodendron*-Arten und -Verwandten ausgebildete Siphonostele. Hier liegt das Leitbündel schlauchförmig (im Stammquerschnitt ringförmig) um ein mittelständiges Grundgewebe, das Mark. Bei einer weiteren Gestaltung wurde nun der Hohlzylinder des Siphonostelen-Leitbündels durch Grundgewebsstreifen, die radial vom Mark nach der Rinde ziehen, den Markstrahlen, durchsetzt. Diese Auflösung der Siphonostele zur Eustele, die aus Teilbündeln besteht, läßt sich bei den späten, im Rotliegenden erscheinenden Subsigillarien gut erkennen. Eine zeitlich in Erscheinung tretende Entwicklung von der Protostele der Psilophyten bis zur Eustele, wie sie unsere heutigen Bäume besitzen, läßt sich also nicht leugnen.

Auch eine andere Neubildung führte gegenüber den einfachsten Psilophyten zu weiteren Möglichkeiten: zwischen Holzteil (Xylem) und Siebteil (Phloem) sorgt ein Bildungsgewebe, das Kambium, für nachträgliche und ständige Ergänzung von Holz- und Siebteil (sekundäres Dickenwachstum). Aber dieses in unseren Bäumen so mächtig wirkende Bildungsgewebe arbeitete, — wenn es überhaupt vorhanden war, wie z. B. in den größeren Schuppenbaumarten —, sehr bescheiden. So blieb die gesamte Stele und mit ihr auch der Holzteil klein. Unmöglich konnte er die Aufgabe erfüllen, die Pflanze zu stützen und die sich immer mehr verzweigende Krone zu tragen. Aber dafür hatte der Baum seine feste und dicke Rinde.

Schwerwiegende Nachteile entstanden dagegen für die immer größer werdenden Pflanzen in bezug auf die Wasserversorgung. Unter günstigen klimatischen Verhältnissen, bei genügender Boden- und Luftfeuchtigkeit reicht ein verhältnismäßig schwach entwickeltes Wasserleitungssystem noch aus. Klimawandel muß aber dann für die Pflanzen eine Katastrophe bedeuten. Und eine solche Katastrophe ist wohl mit dem Zeitalter des Perms, insbesondere mit dessen trockenerer Rotliegendenzeit, über die Bärlappwälder hereingebrochen. All die stolzen Schuppen- und Siegelbäume verschwanden an der Wende vom Karbon zum Perm. Nur wenige Subsigillarien retteten sich als baumförmige Vertreter vom Mittleren Oberkarbon in das Rotliegende. Seit dieser Zeit kennen wir, — wenn wir von einigen mehr oder weniger zweifelhaften Formen aus dem Buntsandstein absehen —, nur noch am Boden kriechende oder auf Ästen wachsende Bärlapptypen. Heute umfaßt die Gruppe der *Lycopodiales* etwa 850 krautige Arten der Gattungen *Lycopodium, Phylloglossum, Selaginella* und *Isoëtes.*

Vielleicht entsteht ein falsches Bild vom Gesamtwasserhaushalt, wenn wir allein die Leistung der Stammleitbündel für die Wasserversorgung zwischen Bärlappbäumen und den Neuzeitbäumen vergleichen. Heute besorgen die Holzgefäße tatsächlich die Leitung des gesamten, in der Krone verbrauchten Wassers von den am weitesten entfernten Stellen des Baumes, nämlich von den dicht hinter den Wurzelspitzen stehenden Wurzelhaaren her. Nur bei einigen Pflanzen konnte man bisher Wasseraufnahme durch die Laubblätter nachweisen. Bei den Schuppenbäumen dienten nach der Auffassung Zimmermanns ganz bestimmte Vorrichtungen der Stammoberfläche zur Aufnahme des an dem Stamm herunterrieselnden Regenwassers, hingegen die an den gabelig verzweigten Stammbasen (Stigmarien) befindlichen eigentlichen, etwa 40 cm langen und 1/2 cm dicken Würzelchen (*Appendices*) zur Aufnahme des Bodenwassers. Die *Lepidodendron*-Arten (gr. *lepidos* = Schuppe, gr. *dendron* = Baum), also die Schuppenbäume, haben ihren Namen von dem schuppenartigen Aussehen der spiralig um den Stamm stehenden, dicht gedrängten Blattpolster (Abb. 62). Das sind die vorgewölbten Ansatzflächen, auf denen die älteren, inzwischen abgefallenen Blätter saßen. Unter jeder Blattnarbe stehen zwei Öffnungen des Durchlüftungs- und Transpirationssystems, über ihr befindet sich eine kleine Grube, in der ein zartes, zungenförmiges Häutchen (*Ligula*) sitzt. Wir wissen, daß dieselbe Bildung an dem Blattgrund unserer heutigen *Selaginella*-Arten Wasser von außen aufzunehmen vermag. Zimmermann schließt hieraus, daß auch die Ligula der Schuppenbäume — samt der Ligulargrube — imstande war, herablaufendes Wasser aufzunehmen, zumal sich am Grunde dieser Einrichtung nach dem Stamminnern ein Leitbündel anschließt. Damit wäre aber das an sich sehr schwach ausgebildete Wasserleitungssystem des Innenstammes bedeutend entlastet gewesen.

Ähnlich wie allmählich das Körpergewebe — im Gegensatz zu dem der ziemlich gleichförmig ausgestalteten frühen Psilophyten — für die besonderen Aufgaben des Stützens und Stoffleitens besondere Teilgewebe ausgliedert und diese noch weiter vervollkommnet, folgen im Laufe der Zeit verschieden weit vorgebildete Entwicklungsstufen der Laubblätter aufeinander. Wir haben die mitteldevonischen Übergangsformen schon kennen gelernt (S. 60), die den Anfang bildeten zu zwei großen Möglichkeiten: den Kleinblättlern und den Großblättlern. Das Blatt des Bärlapptyps gehört der ersten Gruppe an. Während die spaltöffnungtragenden Schuppen von *Asteroxylon* nicht von einem Leitbündel, einem „Blattnerven", durchzogen waren, obgleich je ein Bündel bis an den Grund der Schuppen heranreichte, besitzt das *Drepanophycus*-Blatt eine aus dem Leitbündel gebildete Mittelrippe. Eine solche Mittelrippe erscheint dann bei allen Bärlappgewächsen, ob krautig oder baumförmig; die Blätter der meisten Siegelbäume enthalten sogar deren zwei, die parallel nebeneinander herlaufen und sich nach der Spitze zu wieder vereinigen. Diese Vereinigung vollzog sich bei

Sigillaria Brardi und ihren Abarten (*var. spinulosa* und *var. latifolia*) schon am Blattgrund, so daß hier ein abgeleiteter Fall vorliegen dürfte. Als Hilfsorgan für die Wasserleitung bildete sich um das Leitbündel ein besonderes, aus wasserleitenden Tracheiden mit netzförmiger Wandverstärkung bestehendes Transfusionsgewebe, das sich heute noch in den Blättern der Nadelhölzer (Koniferen) bewährt.

Die wasserdampfabgebenden Spaltöffnungen sind nicht mehr gleichmäßig über die ganze Blattoberfläche verteilt, sondern befinden sich, — ebenfalls wieder ähnlich wie bei vielen Nadelhölzern —, in zwei Längsrillen der Blattunterseite, sind also der unmittelbaren Wirkung des austrocknenden Windes entzogen. Das ganze Blatt ist außerdem gleichsam in einen harten Mantel eingehüllt, da die Zellschicht unter der Oberhaut (Epidermis) besonders dicke und feste Wände besitzt: eine Hypodermis mit sklerenchymatischen (gr. *skleros* = hart; gr. *enchyma* = „Eingegossenes", hier Gewebe) Zellen. Dieses Festigungsgewebe fehlt längs den Spaltöffnungsrillen. Dafür ist dort das dünnwandige Grundgewebe des Blattes außerordentlich reich an Zwischenzellräumen (= Interzellularräumen): Durchlüftungsgewebe. Während bei sämtlichen bis jetzt gefundenen *Lepidodendron*-Arten und den meisten Sigillarien sich noch kein besonderes Palisadengewebe (nebeneinanderstehende langgestreckte Zellen unter der oberen Blattepidermis) als Assimilationsapparat herausgebildet hatte, finden wir ein solches bei der schon erwähnten *Sigillaria Brardi*.

Die allmähliche Höherentwicklung und Sondergestaltung des Blattgewebes für die einzelnen Aufgaben vollziehen sich in einer grundsätzlich gleichbleibenden äußeren Form, nämlich in der Gestalt des Nadelblattes. Nur die Größe kann recht verschieden sein. Während die *Bothrodendron*-Bäume (Abb. 59) des Karbons mit ihren etwa $1/2$ cm langen Blättern an Länge diejenigen des devonischen *Protolepidodendron* nicht übertrafen, und *Lepidodendron Veltheimi* auch nur 2 cm lange Blätter besaß, finden wir bei *L. obovatum, L. aculeatum* und *L. dichotomum* Blattlängen bis zu 1 m. Auch die „Schopfbäume", die *Sigillaria*-Arten (Abb. 61), besaßen ähnlich große Blätter, die im allgemeinen an der Basis noch etwas derber und dicker waren als die der *Lepidodendron*-Arten und außerdem gemäß ihrem doppelten Leitbündel auf der Oberseite zwei Kiele aufwiesen. Da diese großen Blätter aber nur in Verbindung mit älteren Zweigen erschienen, hingegen die Länge der jüngeren nur etwa den zehnten Teil betrug, müssen wir annehmen, daß die Blätter der Schuppen- und Siegelbäume nur langsam zu ihrer endgültigen Größe heranwuchsen, bis sie dann von den älteren Astteilen abfielen und mit den für die einzelnen Arten so charakteristischen Blattpolstern (Abb. 62) ihre Narben hinterließen.

Schachtelhalm-Gruppe (Röhrenstämme, Quirlblätter).

Auch die Gliederpflanzen (= *Articulatae*), von denen heute nur noch die Gattung Schachtelhalm (*Equisetum*) mit 24 Arten lebt, zeigen einen Anstieg der Körpergröße von ihren ersten Spuren im Mitteldevon bis zu dem Höhepunkt ihrer Entwicklung im Oberkarbon. Die Entwicklung zur Baumform erfolgte also zur selben Zeit wie bei den Bärlappgewächsen, wenn auch auf anderem Wege und mit anderen Mitteln. Gegenüber den krautigen Formen aus dem Mitteldevon, — von denen *Calamophyton* (Abb. 56) 2 mm bis 2 cm dicke Sprosse besaß, *Hyenia* (Abb. 55) dagegen nur solche von 1/2 cm Durchmesser —, sind uns von der oberdevonischen *Pseudobornia* Stämmchen von 6 cm Dicke überliefert. Viel größer müssen schon die vom Oberdevon bis Unterkarbon erscheinenden Asterokalamiten-Bäume gewesen sein. Von ihnen sind natürliche Ausgüsse der Stammhöhlung aus Schlamm bekannt, der in die umgestürzten Stämme eingedrungen und

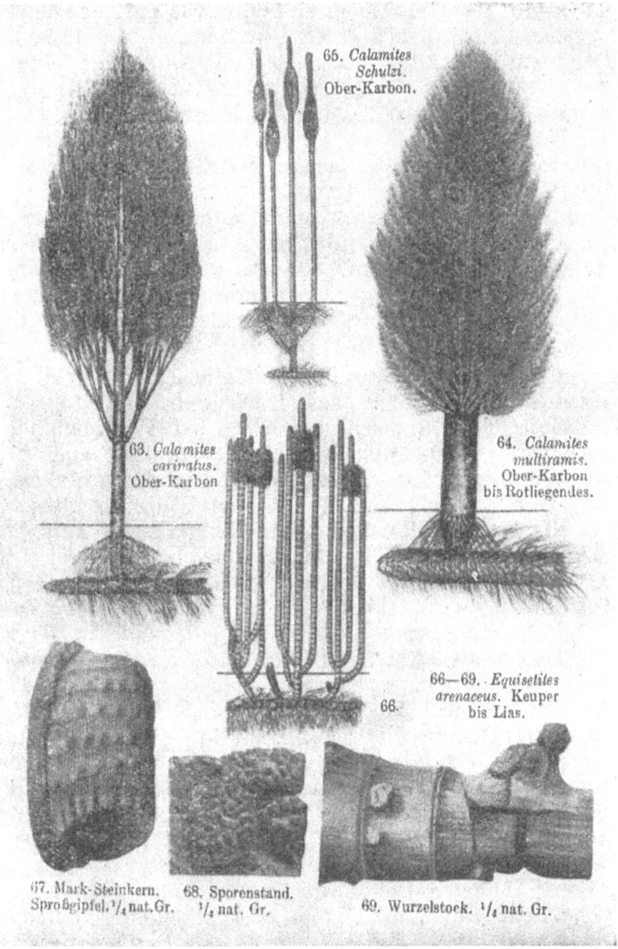

Abb. 63–69. Schachtelhalmbäume. Abb. 63–66. 1/70 nat. Gr.

darin verhärtet ist: Marksteinkerne. Die größten dieser Marksteinkerne haben einen Durchmesser von 16,5 cm. Der Stammdurchmesser betrug daher wohl über 25 cm. Zu den mächtigsten Formen entwickelten sich zur Hauptentfaltungszeit der Artikulaten die Kalamiten (Abb. 63, 64, 65). Von ihnen besitzen wir Marksteinkerne mit einem Durchmesser von über 30 cm. Der Stammdurchmesser von *Calamites gigas,* einer vom oberen Oberkarbon bis zum mittleren Rotliegenden in Mitteleuropa vorkommenden Art, betrug wohl über 1 m. Die Höhe dieser Kalamiten läßt sich nur schätzen, da lediglich Stammabschnitte, aber nie ganze Stämme gefunden wurden. Sie wird mit 10 m, von anderen bis zu 20 und 30 m, angegeben.

Im Gegensatz zu den Bärlappbäumen mit ihrer dickwandigen Außenröhre aus Hartgewebe und ihrem achsenständigen Innenstrang, fehlte bei den Kalamiten ein festes Achsengewebe. Sie bildeten in der Stammitte ein auffällig großes Markgewebe aus, das in vielen Fällen sogar noch einer Höhlung wich, der Markhöhle. So hat hier die Röhre allein die statische Aufgabe des Tragens zu erfüllen. Darum können wir bei diesen Artikulaten vom Typ der Röhrenstämme sprechen. Entwicklungsgeschichtlich kommt die Skelettröhre der Schachtelhalmgruppe auf einem ganz anderen Wege zustande wie diejenige der Bärlappbäume. Diese nannten wir mit Zimmermann „Rindenbäume", denn die Hauptmasse des Skelettgewebes wurde dort aus der sekundären Außenrinde gebildet, die — mächtig entwickelt — von dem äußeren Bildungsgewebe Phellogen stammt. Bei den Kalamiten (gr. *kalamos* = Rohr), also den „Röhrenbäumen", besteht die tragende Röhre aus Sekundärholz, das im Wechsel mit tangential erweiterungsfähigen Markstrahlen radial gestellte Längsplatten bildete. Die durch Borke nach außen abgeschlossene Rinde mit ihrem ausschließlich parenchymatischen Innen- und z. T. etwas sklerenchymatischen

Außenteil spielt statisch nur eine untergeordnete Rolle, obgleich sie so breit sein konnte wie der Holzkörper.

Im Gegensatz zu den Bärlappbäumen wurden bei den Artikulaten die beiden Funktionen der mechanischen Festigung und der Wasserleitung von einem einzigen Gewebe besorgt, ähnlich wie bei unseren Laub- und Nadelhölzern. Durch den bei unseren Bäumen und den Schachtelhalmen weiter an die Peripherie verlegten Holzteil entsteht ein größerer Umkreis von mehr funktionsfähigen jüngeren Holzgefäßen als bei dem kleinen mittelständigen Holzzylinder mit seinem geringen Umfang, wie er in den Bärlappstämmen sich entwickelte. Damit ist aber eine wesentlich bessere Voraussetzung für die Wasserleitung durch den Stamm gegeben. Der Formenkreis der Kalamiten ist hierdurch weit weniger abhängig von Luftfeuchtigkeit und atmosphärischem Wasser als der der Lepidodendren und Sigillarien. Vielleicht hängt hiermit das Überschreiten der Oberkarbongrenze zusammen. Auch einige ihrer Gestalt nach unseren heutigen Schachtelhalmen (*Equisetum*) ähnliche *Equisetites*-Arten aus späteren Zeiten erreichten noch beträchtliche Höhen; so hatte *Equisetites arenaceus* (Abb. 66—69) aus den Schichten des unteren Keupers bis zum Lias Stämme von etwa 10 m Länge und über 1/4 m Durchmesser. Bei diesen Formen finden wir allerdings auch einen neuen, seither noch kaum (s. Subsigillarien S. 73) beobachteten Stelentyp: die Eustele. Diese können wir uns aus der z. B. in den oberkarbonischen Schuppenbäumen vorkommenden Siphonostele so abgeleitet denken, daß die geschlossene Leitbündelröhre durch radiale Parenchymplatten, die Markstrahlen, in einzelne Teilbündel aufgelöst wird. Übrigens finden wir auch im gesamten Formenkreis der Artikulaten die verschiedensten Stelentypen. Protostelen besitzen die Keilblattgewächse (*Sphenophyllum*), Siphonostelen *Calamophyton*, *Asterocalamites*, Eustelen dagegen *Arthropitys*, *Calamodendron*, *Calamites*, *Equisetites* und *Equisetum*.

In bezug auf die Blattausgestaltung können wir bei den Artikulaten zwei Reihen feststellen: Formen mit Großblättern, Formen mit Kleinblättern. In der Hauptsache kam es zur Bildung des Kleinblattes, wie es unsere Schachtelhalme heute noch zeigen. Die schuppenförmigen Blätter der heutigen Formen sind an ihrem Grunde miteinander verwachsen, wofür sie durch ihre Quirlständigkeit, d. h. ihre Anordnung in gleicher Höhe um einen Knoten des Stengels, die nötige Voraussetzung haben. Ähnliche Verwachsung weisen die allerdings senkrecht vom Stamm abstehenden zwar kurzen, aber durchaus nicht schuppenförmigen Blättchen der meist spätkarbonischen *Annularia*-Formen auf, während die längeren und schmalen Blättchen von *Asterophyllites* aus dem gleichen Zeitalter frei, also einzeln am Stamm saßen. Wenn die Blättchen der jüngeren Sproßteile bei Formen der *Calamites*-Gruppe zu scheidenartiger Verwachsung neigten, so standen die einfachen schmal-lanzettförmigen an den älteren Sprossen, denen erster Ordnung, in der Regel frei. Gegenüber den Formen der ungeteilten schuppen-, zungen- und nadelartigen Blätter bei den jüngeren Gliederpflanzen (Kalamiten und Schachtelhalme) besitzen die Vertreter der älteren Gruppen noch gabelförmig aufgeteilte Blättchen (*Calamophyton* (Abb. 56_1), *Hyenia, Asterocalamites*).

Der zweite Weg der Blattgestaltung führte im Gegensatz zu der bis jetzt betrachteten Vereinfachung oder gar Zurückbildung (Reduktion) zu einem weiteren Ausbau des ursprünglichen Gabelblattes. Schon die oberdevonische *Pseudobornia* besaß, —soweit man das an dem dürftigen Material feststellen kann —, die Neigung, durch seitliche Verwachsung der letzten gabeligen Verzweigungen flächenförmige Blätter zu gestalten. Die Entwicklung des Flächenblattes aus dem Gabelblatt kann man sehr schön in der Reihe der meist oberkarbonischen Keilblattgewächse feststellen. Die älteren Formen, die sich bis zum Oberdevon zurückverfolgen lassen, besaßen vorwiegend stark gabelteilige, schmalzipflige Blätter, während die erdgeschichtlich jüngeren einheitlichere und größere Blattflächen entwickelten, deren gezahnter Vorderrand gerade so die ursprüngliche Bildungsweise verrät wie die gabelförmig verzweigten Adern. Diese Entwicklungsreihe kehrt dann noch einmal wieder bei der Ausgestaltung der einzelnen Pflanzen aus dem Formenkreis der verschiedenblättrigen (= heterophyllen) Keilblattarten. Hier tragen die älteren Sproßteile stark zerteilte Gabelblätter, die jüngeren dagegen flächig zusammengezogene, keilförmige Blättchen (Beispiel für das „Biogenetische Grundgesetz", vgl. S. 5). Infolge des im allgemeinen sehr schlechten Erhaltungszustandes der Blätter der bis jetzt gefundenen Artikulaten wissen wir über die innere Feingestaltung noch wenig Bescheid. Näher bekannt sind die anatomischen Verhältnisse von *Asterophyllites*- und *Annularia*-Blättern. Hier fallen besonders die radial gestreckten Palisadenzellen auf, die um das hadrozentrische (gr *hadros* = stark, dick; bezieht sich hier auf die „starken" Wände der Holzgefäßröhren) Leitbündel, also um ein Leitbündel mit mittelständigem Holzteil, sich nach allen Seiten erstrecken, soweit das über dem Leitbündel liegende Festigungsgewebe dazu Raum läßt. Unter dem Leitbündel befindet sich ein mehr parenchymatisch ausgebildetes Gewebe, das vielleicht der Stärkespeicherung diente. Nur die Blattoberseite wies Spaltöffnungen auf, deren Schließzellen durch ihre charakteristische Streifung sehr an die unserer heutigen Schachtelhalme erinnern.

Farn-Gruppe
(Blattwurzelstämme, Großblätter).

Wieder eine andere Lösung des Stammproblems sehen wir bei den Farnbäumen verwirklicht. Ausgesprochene Baumformen enthält z. B. die besonders im Rotliegenden in großer Artenfülle erscheinende

Marattiazeen-Gattung *Psaronius* (Abb. 75). Die *Psaronius*-Bäume erreichten Stammhöhen von über 10 m. Auch einige baumartige Formen waren unter den Osmundazeen, so *Thamnopteris* aus dem Oberen Perm. Heute weisen die Familien der Dicksoniazeen und Zyatheazeen die meisten „Baumfarne“ auf. Vom statischen Gesichtspunkt aus handelt es sich bei den Farnstämmen in der Hauptsache wieder um eine Außenverstärkung, also um das auch bei den Bärlapp- und Schachtelhalmbäumen verwirklichte Röhrenprinzip. Aber auch hier hat die Röhrenkonstruktion entwicklungsgeschichtlich wieder eine neue Lösung gefunden. Der Durchmesser des eigentlichen Stämmchens ist bei den Farnen überraschend gering gegenüber dem des äußerlich in Erscheinung tretenden gesamten Stammgebildes. Das Stämmchen ist nämlich eingehüllt in eine dicke Schale, die aus zweierlei besteht: aus den an dem Stamm verbleibenden, in dichten Spiralen stehenden Resten der Blattstiele, die man als „Blattfüße“ bezeichnet, und aus einem dicht verflochtenen Filz von Wurzeln, die nach dem Absterben der Blätter zwischen den Blattnarben und Blattstielresten aus dem Stamme brechen und sich durch die dichte Masse der Blattfüße hindurchzwängen. Da jeder einzelne Blattstiel in seinem sklerenchymatischen Außengewebe und vor allem in seinem Leitbündel verhältnismäßig viel Hartgewebe besitzt, entsteht bei dem gedrängten Stand der Blattstielbasen und der Verflechtung durch die Wurzeln ein mechanisch sehr wirksamer Außenmantel. Nach dieser Eigentümlichkeit bezeichnet man die Farnstämme als „Blattwurzelstämme.“

In der Entwicklung der Leitbündel ist es — außer bei den jüngsten *Osmundales* — nie zur Bildung einer Eustele gekommen, wie sie die baumförmigen Artikulaten (z. B. *Calamites*) in hervorragender Ausprägung besaßen und wie sie gerade noch bei den späten Nachzüglern der Siegelbäume, den Subsigillarien des Rotliegenden, angedeutet sind. Viele, besonders zierlichere

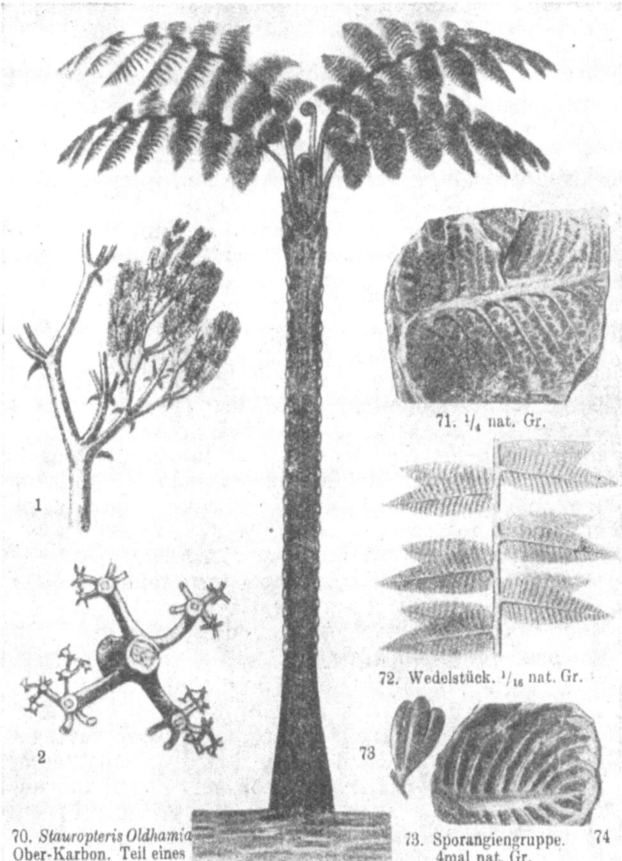

71. $^1/_4$ nat. Gr.

72. Wedelstück. $^1/_{16}$ nat. Gr.

70. *Stauropteris Oldhamia* Ober-Karbon. Teil eines Wedels im Bildversuch. $^1/_2$ nat. Gr.
1) Seitenansicht.
2) Querschnitt.

75. *Megaphyton* (= *Psaronius*) *Artis*. Mittleres Rotliegendes. Bildversuch. $^1/_{100}$ nat. Gr.

73. Sporangiengruppe. 4mal nat. Gr.
74. Fieder mit Sporangien. $^1/_4$ nat. Gr.
71—74. *Etapteris Lacattei*. Rotliegendes.

Abb. 70—75. Farne aus dem Karbon und Rotliegenden

und einfacher organisierte Formen besitzen die von den Psilophyten her bekannte Protostele, so die urtümlichen Koenopterineen, die vermutlich ebenfalls alten, aber heute noch vertretenen Gruppen der Gleicheniazeen und Hymenophyllazeen, einige Osmundazeen wie *Thamnopteris.* Andere Farne, z. B. Formen aus der Gruppe der *Marattiales,* durchlaufen als einzelne Pflanze während ihrer Entwicklung verschiedene Stelenzustände („Biogenetisches Grundgesetz") Sie beginnen mit der Protostele, bilden später im Zusammenhang mit der Blattentwicklung eine bestimmte Form der Siphonostele (amphiphloische Siphonostele, bei der der Holzteil allseitig vom Siebteil = Phloem umgeben ist) und enden, wenn sie zu großen Formen heranwachsen wie die *Psaronius*-Bäume, mit einer Polystele, d h. mit der Auflösung der Stele in viele Stelenteile, die dann einzeln als Leitbündel bezeichnet werden können. Diese Leitbündel besitzen in der Mitte den Holzteil, das Xylem, das rundum vom Siebteil, dem Phloem, umgeben ist: konzentrische oder amphiphloische Leitbündel. Auf Grund einer solchen Stelenentwicklung kommen die Farne zu einem weit besseren Wasserleitungssystem als die Bärlappbäume. Allerdings sind die großblättrigen Farne auch schon von Anfang an auf einen ganz anderen Wasserumsatz eingestellt als die schuppenblättrigen Bärlappverwandten, oder die kleinblättrigen Schachtelhalme.

Zu diesem Vorteil für die Wasserversorgung kommt bei den Farnen noch ein weiterer hinzu: wie bei den Schuppenbäumen braucht nicht alles Wasser aus dem Boden aufgenommen und durch den gesamten Stamm geleitet zu werden. Die Stammwurzeln sind imstande, der Pflanze auch von dem Wasser zuzuführen, das bei Regen über den Stamm rieselt. Durch diese Einrichtungen zur zusätzlichen Wasseraufnahme sind die damit ausgerüsteten Pflanzen natürlich dann auf eine ganz bestimmte Umwelt festgelegt, falls das zusätzlich aufgenommene Wasser zum Leben notwendig ist. Die Schuppenbäume gehörten zur Pflanzenwelt des an feuchtes Klima gebundenen Steinkohlenwaldes, die Baumfarne sind Glieder des tropischen Regenwaldes.

Das, was die Farne schon rein äußerlich vor den seither betrachteten höher entwickelten Pflanzengruppen, den Formenkreisen der Bärlapp- und Schachtelhalmgewächse, auszeichnet, sind die oft gewaltigen, großflächigen Blätter. Zwar werden diese zumeist durch zierliche Fiederung in einzelne Abschnitte, die Fieder 1., 2., 3. Ordnung, geteilt. Wir müssen aber die gesamte Fläche eines Blattes berücksichtigen, und da besteht doch ein großer und grundsätzlicher Unterschied gegenüber dem Nadel- und Schuppenblatt der vorhin erwähnten Pflanzentypen. Wenn wir die Blattform der Kleinblättler durch die erdgeschichtlichen Zeitabschnitte an den immer einfacher gestalteten Vorläufern von den oben genannten, verhältnismäßig hochentwickelten Endformen aus zurückverfolgen, dann kommen wir auf Grund der uns vorliegenden Überlieferungen zu den dornförmigen Sproßauswüchsen von *Drepanophycus* oder zu den leitbündelfreien Stammschuppen von *Asteroxylon*, also zu den Dornbildungen am Körper der Psilophyten. Wenn wir dagegen von den flächigen Großblättern der Farne ausgehen, kommen wir — schrittweise zurückgehend — nicht zu ursprünglich nebensächlichen Stammauswüchsen, sondern zu ganzen Sproßsystemen — allerdings höherer Ordnung —, d. h. zu den letzten und zartesten Verzweigungen der Sproßenden.

Gewiß, Flächenblätter können auch auf anderem Wege entstehen, wie es sich bei den *Sphenophyllum*-Arten nachweisen läßt (S. 80). Da war es die Verbreiterung und gleichzeitige Verschmelzung der Gabelteile einer ursprünglich dem mikrophyllinen Typus angehörenden Bildung. Auch die zur flächenförmigen Ausbildung neigenden Blättchen an der Sproßoberfläche von *Cladoxylon scoparium* (Abb. 57) sind wohl auf den

Typ des Kleinblattes zurückzuführen. Aber schon die feinen Endverzweigungen dieser Pflanze, also die eigentlichen Sproßteile, zeigen durch ihre blattartige Ausbildung den anderen Weg. Daß Stamm und Blatt ursprünglich keine grundsätzlich verschiedenen Organe sind, haben wir schon an dem mitteldevonischen *Protopteridium* kennengelernt. Auch heute noch können sich beide Ausgliederungen — allerdings in stark abgeleiteten Fällen — gegenseitig ersetzen, ihrer Gestalt und auch ihrer Funktion nach („Blätter" des Spargels und der „Blatt"-Kakteen sowie einer Anzahl anderer Pflanzen sind blattartig entwickelte Stämme oder Stammabschnitte; stengelähnliche Ranken können dagegen entwicklungsgeschichtlich umgestaltete (= metamorphosierte) Laubblätter sein, oder besser gesagt, sich aus Blattanlagen entwickeln wie bei der Rankenplatterbse [*Lathyrus Aphaca*]).

Verfolgen wir nun nach diesen Zwischenbetrachtungen in der Erdgeschichte rückwärtsschreitend die Gestaltänderungen des Farnblattes. Die Blätter der Mehrzahl unserer heute lebenden Farnkräuter sind Fiederblätter (z. B. Wurmfarn, Adlerfarn, Engelsüß). Ihre Jugendformen besitzen dagegen häufig Gabelblätter, d. h. je zwei aus gleicher Wurzel entspringende Blattabschnitte sind stets gleichwertig, keiner von ihnen übernimmt die Führung wie bei dem Fiederblatt. Erst allmählich beim Erstarken der jungen Pflanze wächst bei den Folgeblättern einer der zunächst gleichgroßen Gabellappen etwas weiter vor. Bei wiederholten Gabelungen übernimmt stets abwechselnd immer ein linker und danach ein rechter Gabelast die Führung, so daß dann schließlich ein langgestrecktes Blattgebilde entsteht, bei dem die nun seitlich erscheinenden, in ihrer Größe zurückgebliebenen Gabeläste übergipfelt sind: die Fiedergestalt leitet sich entwicklungsgeschichtlich nachweisbar von der Gabelgestalt ab. Diese äußere Blattgestalt spiegelt sich nun wider in der Aderung der Blätter, also in dem Verlauf und in der

Art der Verzweigung der die Blattfläche durchziehenden Leitbündel. Während die ausentwickelten Blätter unserer Neuzeitfarne im allgemeinen Fiederaderung, ja sogar ausnahmsweise Netzaderung (wie die Blätter der hochentwickelten zweikeimblättrigen Blütenpflanzen) besitzen, zeigen die Jugendblätter ihrer Keimpflanzen Gabeladerung („Biogenetisches Grundgesetz"). Physiologisch ist die Fiederaderung als Wasserverteilungssystem der Gabeladerung überlegen, denn ein Hauptstrang mit mehrfachen seitlichen Verzweigungen kann eine Fläche gleichmäßiger mit Wasser versorgen, als ein von einem Punkt ausgehender Fächer von gleichlangen Röhren. Der Fiederaderung ist aber die Netzaderung wiederum überlegen, da sie die gleichmäßigste Verteilung des aus dem Stamm zugeleiteten Wassers bewirkt. Die für die Pflanze vorteilhaftere Adergestaltung hat sich aber nachweislich im Laufe der Erdgeschichte erst allmählich herausgebildet: doppelte und mehrfache Maschenaderung (also die höchste Vervollkommnung) läßt sich an den Farnblättern bis zum Keuper zurückverfolgen, einfache Maschenaderung bis zum oberen Karbon, Fiederaderung bis zum mittleren Karbon und Gabeladerung bis zum Oberdevon. Dabei herrscht als Gesamtblattform stets das Fiederblatt vor, wenn auch oft die Fiederchen höherer Ordnungen gabelteilig ausgebildet sind.

Auf Grund der heutigen Formen können wir uns kein Farnblatt ohne Blattfläche oder Spreite (= *lamina*) vorstellen. An den Resten bestimmter urtümlicher Farne, die bis zum Oberdevon zurückreichen, z. B. an Vertretern der Gruppe der Klepsydrazeen, suchen wir vergebens nach flächig ausgebreiteten Blattspreiten. Hier finden wir gewissermaßen nur das Gerippe zu dem Fiederblatt: ein in einer Ebene sich verzweigendes Sproßsystem, bei dem an einer Mittelachse, der Rhachis, seitlich zweizeilig angeordnet kleinere Sproßteile entspringen, die Fiederspindeln. Der Formenkreis der Etapteridazeen (Abb. 71—74) ist dadurch ausgezeichnet, daß wohl die Fiederchen höherer Ordnungen in einer Ebene stehen, daß aber die beiden Gabeläste der an der Rhachis entspringenden Fieder erster Ordnung in einer Ebene liegen, die senkrecht zur Rhachis steht. Und endlich bei den Stauropteridazeen des Karbons (Abb. 70) stehen die Verzweigungsebenen der am Grunde gabelig geteilten Fiederachsen stets senkrecht auf der Gabelebene der sie entlassenden Spindeln nächst niederer Ordnung. Höchstens die letzten Fiederchen sind mit ihrer gemeinsamen Achse in einer Ebene ausgerichtet. Da auch hier die Blattflächen fehlen und die Achsen stielrund sind, entsteht auf Grund der in allen Richtungen des Raumes hineinragenden Fiederzweige nicht der gewohnte Eindruck eines Laubblattes, sondern eher der eines Zweigbüschels. Ein solches Strauchgebilde entwicklungsgeschichtlich einem Fiederblatt gleichzusetzen, wird jedem zunächst als höchst unwahrscheinlich und gewagt erscheinen, der nicht die Bindeglieder zwischen beiden Bildungen kennt. Bindeglieder bilden die Brücke zum Verständnis für Gestaltumwandlungen im Reiche des Lebendigen. Und sie sind uns für die Entwicklungsgeschichte des Farnblattes in genügender Weise erdgeschichtlich überliefert. Während der Sproß der jüngeren Farne in Stamm und Wedel gegliedert erscheint, fehlt bei den älteren und ursprünglicheren Formen diese gestaltliche Ausgliederung und damit natürlich auch die durch sie ermöglichte Arbeitsteilung: Stamm als Trag- und Leitungsorgan, Blatt als Assimilations- und Transpirationsorgan.

Wir haben noch einen anderen Anhaltspunkt, um die Annahme der Sproßsystemnatur des Farnfiederblattes zu stützen und vor allem die Ansicht abzulehnen, als ob entwicklungsgeschichtlich das Großblatt der Farne dem Kleinblatt der seither betrachteten Pflanzen gleichzusetzen wäre. Wir konnten das Kleinblatt von den dornartigen Auswüchsen aus den Sproßachsen der Psilophyten herleiten. Diese Bildungen, die bald mehr schuppenförmig, bald aber auch mehr blättchenartig verbreitert und sogar gegabelt vorkommen, können wir ebenfalls — neben dem eigentlichen Fiederblatt — in der Reihe der Farne entdecken. Sie werden dort Aphlebien (gr. *phleps, phlebos* = Vene), d. h. also Aderlose, genannt. Bei *Stauropteris* sitzen sie immer da, wo die Ästchen höherer Ordnung aus denen vorhergehender entspringen (Abb. 70), bei der unterkarbonischen Etapteridazee *Diplolabis* zu zweien nur noch an der Verzweigungsstelle zu den Fiedern erster Ordnung, ähnlich wie bei einer Anzahl späterer Farne mit entwickelten Blattspreiten. Dazu gehören die oberkarbonischen *Dactylotheca*-Arten mit auffallend großen Aphlebien. Die Farne besitzen also die beiden, ihrer Herkunft nach grundsätzlich verschiedenen Blattgebilde nebeneinander.

Samenpflanzen (Holzstämme).

In der Entwicklungsgeschichte des Baumstammes sehen wir schon zu der Zeit der Rinden-, Röhren- und Blattwurzelstämme eine neue Möglichkeit angebahnt, die sich immer stärker erfüllt und endlich zu dem fast ausschließlich herrschenden Typ der Gegenwart wird: die Vollsäule des Holzstammes. Während die Bärlappbäume trotz eines besonderen Bildungsgewebes für Sekundärholz nicht über einen mittelständigen Holzstrang von verhältnismäßig geringem Durchmesser hinauskamen, der wohl bei Zugbeanspruchung hätte eine Bedeutung gewinnen können, nicht aber bei Druck und Biegung, hatte das ebenfalls durch ein Kambium gebildete Sekundärholz der Schachtelhalmbäume durch seine Lage weiter außen auch gleichzeitig die mechanische Aufgabe übernommen. Aber die Schicht des Holzes blieb um das riesige Mark herum recht dünn, so daß eine Hohlsäule, eine Röhre entstand, die dem Stamm ausgesprochene Biegungsfestigkeit verlieh. Eine ähnliche Konstruktion führt bei ständiger Vergrößerung des Holzkörpers um ein von Anfang an verhältnismäßig kleines Mark weiter zu der Vollsäule, die statisch am wirksamsten ist.

Diese Ausbildung erscheint dann in den verschiedensten Formenkreisen der samenerzeugenden Pflanzen. So zeigt der allerdings recht dünnstengelige und wahrscheinlich an anderen Bäumen emporklimmende Samenfarn *Lyginodendron Oldhamium* (Abb. 81_1) aus dem Oberkarbon um ein noch verhältnismäßig großes Mark schon einen beträchtlichen sekundären Holzkörper mit vielen Markstrahlen. Eine zweite Gruppe von Samenträgern, die ebenfalls — wie die Samenfarne — im Karbon und im Rotliegenden sich am reichsten entfalteten, die Kordaiten, bildeten ebenfalls Holzstämme aus (Abb. 86). Die bei manchen Arten bis zu 30 m hohen Stämme trugen als Krone ein reichverzweigtes Geäst mit schmalen, gegen 1 m langen, streifennervigen Blättern, deren Adern sich gabelig verzweigten. Das Kordaiten-Holz wurde um ein recht großes, hier stockwerkartig gegliedertes Mark angelegt. Es ist dem gewisser Nadelbäume, nämlich dem der Araukarien, in seiner Feinstruktur so ähnlich (Abb. 85), daß man die beiden Pflanzen in unmittelbare Beziehungen setzte und die Formen, die das Kordaitenholz hinterließen, als *Araucarioxylon* bezeichnete. Bei der im Rotliegenden mit *Baiera* erscheinenden Gruppe der Ginkgogewächse ist der Holzstamm endlich so gestaltet, wie er dann auch später bei den im Zechstein zum erstenmal sich zeigenden Nadelhölzern, den Koniferen, angelegt wird: um ein sehr kleines Mark und einige Erstlingsgefäße (= Protoxylem mit spiralig ausgesteiften Tracheiden) legen sich die von einem geschlossenen äußeren Kambiummantel nach innen abgeschiedenen Jahresringe aus Sekundärholz, das die Hauptmasse des Stammes bildet. Außerhalb des Kambiums liegt die bei den Holzstämmen recht schmale Rinde, an deren Oberfläche Borke abgestoßen wird, die sich aus dem Phellogen (= Korkkambium) ersetzt. Auch die Rinde verdickt sich sekundär aus dem zwischen ihr und dem Holz liegenden Kambium. Bei den erst aus der Kreide überlieferten bedecktsamigen Pflanzen (= Angiospermen), zu denen unsere heutigen Laubbäume gehören, ist dieser Typ des Holzstammes grundsätzlich beibehalten. Nur seine Feingliederung ist in bezug auf die Arbeitsteilung weiter fortgeschritten: neben den gleichmäßig gestalteten, einzeln in sich geschlossenen Tracheiden mit ihren großen Hoftüpfeln erscheinen in reicher Menge ganze Röhrenzüge, die echten Gefäße (= Tracheen), Zellreihen mit aufgelösten Querwänden, weiter Holzfasern als mechanisch wirksame Elemente und außer den genannten toten Zellen noch lebendiges Holzparenchym. Zwischen diesen Endformen der Zellen bestehen noch einige Übergangsformen, so daß das Angiospermenholz unter Umständen eine recht verwickelte Zusammensetzung zeigen kann.

c) Sicherung der Fortpflanzung: Unabhängigkeit vom Wasser.

Zechstein bis Unterkreide: Nacktsamer (Gymnospermen).

Mit dem Beginn der Permzeit vollzog sich ein grundlegender Wandel in der Pflanzenwelt (vgl. S. 73). Die Gewächse des Steinkohlenwaldes verschwanden. Etwas länger als die Schuppenbäume (*Lepidodendron*) konnten sich die Großformen aus der Gruppe der Schachtelhalmgewächse halten. So finden wir die Reste der formenreichen Gattung *Calamites* noch durch das ganze Rotliegende hindurch. Aber im Zechstein ist auch ihre Herrschaft gebrochen. Ebenso lebten die vielen Arten der Farnbaumgattung *Psaronius* vorwiegend im Oberkarbon und im Rotliegenden. Wir können also sagen, daß die Herrschaft der Farngewächse (Pteridophyten) mit dem Abschluß der Rotliegendenzeit zu Ende ist, und daß mit dem Beginn des Zechsteins ein neues Zeitalter für die Pflanzenwelt einsetzt. Warum?

Bei der Betrachtung der Entwicklungsgeschichte des Baumstammes konnten wir schon deutlich erkennen, daß eine ständige Vervollkommnung des Wasserleitungssystems zu beobachten ist. Und zwar stellt sich dieses immer mehr auf die Versorgung mit Bodenwasser ein und gibt die Vorrichtungen auf, die imstande sind, atmosphärisches Wasser aufzunehmen, wie die Ligula der Schuppenbäume und die Stammwurzeln der Farnbäume. Diese entwicklungsgeschichtlichen Wandlungen in der Individualausgestaltung haben eine grundsätzliche Parallele in der Entwicklung der Fortpflanzungsorgane: vollständiges Unabhängigwerden vom Außenwasser und damit die weitere Möglichkeit, sich auch die trockeneren Lufträume zu erobern.

Wir wären berechtigt, allein schon aus diesen auf der ganzen Linie auftretenden Umstellungen in der Pflanzenwelt auf die Änderung des Klimas bestimmter Gebiete (Vorsicht mit Verallgemeinerungen; Vgl. Kerner-Marilaun!) während des Ausganges der Altzeit der Erdgeschichte zu schließen. Doch wäre das im Rahmen unserer Betrachtung ein Zirkelschluß, da wir ja gerade die Abhängigkeit der Entwicklung von vorhandenen Faktoren untersuchen wollen. Nun zeigt uns eine Reihe von geologischen Erscheinungen unabhängig von den Lebewesen, daß sich von der Karbon- zur Permzeit ein klimatischer Umschwung von unerhörtem Ausmaß vollzogen haben muß: im Karbon feuchtes tropisches Klima, im Perm Steppen-, z. T. gar Wüstenklima.

Inwiefern hat die Fortpflanzungsweise der seither herrschenden Typen in der veränderten Umwelt versagt? Die bisher betrachteten Pflanzen aus der weitumfassenden Gruppe der farnähnlichen Gewächse, also die eigentlichen Farne (*Filicales*), die Bärlappartigen (*Lycopodiales*), die Schachtelhalmgruppe (*Articulatae*) samt dem frühen und noch wenig einseitig ausgeprägten Formenkreis der Psilophyten brachten, wie wir das in ihren erhaltenen Resten nachweisen können, als Fortpflanzungskörper

Sporen hervor. Das sind einzelne Gebilde, — oft mit einer den Inhalt gegen Austrocknung schützenden derberen Haut —, die sich meist in Vielzahl in dem Innern von besonderen Organen, den Sporangien, entwickeln. Dabei entstehen jedesmal vier Sporen aus einer Sporenmutterzelle. Diese Vierergruppen, die Sporentetraden, können in allen den genannten Formenkreisen mikroskopisch nachgewiesen werden. Aber die Entwicklungszustände zwischen der reifen Spore und der ausgebildeten, wiederum sporenerzeugenden Pflanze sind noch nicht gefunden worden. Höchstens hat man einmal keimende Sporen wie z. B. in den Sporangien des urtümlichen Farnes *Stauropteris Oldhamia* (Abb. 70) feststellen können. Nun wissen wir aber von den heute lebenden Pflanzen aus den betrachteten Formenkreisen, daß die sporenerzeugende Pflanze, der Sporophyt, nie ohne weiteres und auf unmittelbarem Weg aus der Spore hervorgeht, sondern, daß sie das Ergebnis eines Geschlechtsaktes ist. Dieser Geschlechtsakt, also die Verschmelzung einer männlichen mit einer weiblichen Keimzelle, vollzieht sich aber auf einer Zwischenstufe, nämlich auf einem besonderen, aus der Spore entwikkelten Pflanzenkörper, der die Geschlechtszellen, die Gameten, hervorbringt, auf dem Gametophyten. Die farnartigen Gewächse besitzen einen ausgesprochenen Generationswechsel, bei dem die geschlechtliche Pflanze, die sich aus der vom Sporophyten irgendwohin abgegebenen Spore entwickelt, örtlich und ernährungsphysiologisch ihr Eigendasein führt. Und wenn wir von den Geschlechtspflanzen unserer heutigen Formen auf die entsprechenden der früheren schließen dürfen, dann wird es uns klar, daß nur eine sehr geringe Wahrscheinlichkeit für ihre Erhaltung besteht. Es sind kleine, äußerst zarte Gewebeflächen wie bei den Farnen und den Schachtelhalmen oder zum Teil unterirdisch lebende, leicht übersehbare Gewebekörper wie bei den Bärlapparten, leicht vergänglich und ohne irgendwelches für die Erhaltung geeignetes Hartgewebe. Aber immer noch dürfte Hoffnung auf einen glücklichen und für die Wissenschaft bedeutungsvollen Zufallsfund bestehen. Auf diesen zarten, der feuchten Erde angeschmiegten oder in ihr verborgenen Gebilden geht die Befruchtung vor sich, und zwar so, daß die gereiften männlichen Geschlechtszellen aus ihrem sich öffnenden Behältnis, dem Antheridium, heraustreten in das Freie, durch einen Wassertropfen, — Regen oder Tau —, selbständig hinüberrudern zu dem die Eizelle bergenden Archegonium, in dessen offenen Hals hineinschlüpfen, bis zu der in der Tiefe liegenden Eizelle, also der weiblichen Geschlechtszelle, vordringen und sich schließlich mit ihr vereinigen. Fehlt der auf dem Geschlechtspflänzchen, dem Vorkeim oder Prothallium, zufällig zwischen den männlichen und weiblichen Geschlechtsorganen die Brücke bildende Wassertropfen, dann ist es keinem der in großer Zahl gebildeten männlichen Gameten — auch Spermatozoen genannt — möglich, eine Eizelle zu befruchten. Also, je feuchter der Standort und je feuchter das Klima, desto größer ist die Wahrscheinlichkeit, daß der Vorgang der geschlechtlichen Fortpflanzung und damit die Nachkommenschaft gesichert ist. Das bedeutet aber enge Abhängigkeit solcher Pflanzenarten vom Wasser, trotz der weitgehenden individuellen Körperausgestaltung, die wie sich im Laufe der Erdgeschichte nachweisen läßt, den Gewächsen immer mehr ermöglichte, in die Trockenräume vorzudringen, wenn nur der Boden den Wurzeln genügend Wasser liefern konnte. An Wasser war nun nach dem Klima-Umschwung von der tropenfeuchten Karbonzeit nach der wüstentrockenen Permzeit empfindlicher Mangel. Mit dieser Klimagrenze fallen aber auch alle die stolz ragenden waldbildenden Bäume aus, von denen wir auf Grund der eben angestellten Überlegung voraussetzen müssen, daß ihre Zwischengenerationen zur Befruchtung, d. h. zur Arterhaltung, atmosphärisches Wasser nötig hatten. Ihre zwergenhaften Verwandten, die heutigen Bärlapparten (*Lycopodium*), Moosfarne (*Selaginella*) und die Brachsenkräuter (*Isoëtes*) aus dem Formenkreis der *Lycopodiales*, oder die im allgemeinen zierlichen Schachtelhalme (*Equisetum*) aus der Gruppe der Artikulaten und schließlich die Mehrzahl unserer Farne leben meistens nicht unter freiem Himmel, der Sonne und dem Winde ausgesetzt, sondern unter dem klimatischen Schutz der Waldbäume, in feuchtigkeitsschwangerem Lebensraum, oder auf sumpfigem Untergrund, oder gar im Wasser. Nur einige Schachtelhalmarten (z. B. der Ackerschachtelhalm = *Equisetum arvense*) machen örtlich gewisse Ausnahmen, ähnlich wie ihre baumförmigen Verwandten (z. B. *Calamites*) sich zeitlich über die Steinkohlenflora hinaus behaupten konnten.

Welche Vorteile besaßen die Gewächse, die an die Stelle der aussterbenden Formen traten? Sie hatten Unabhängigkeit vom tropfenden Wasser auch für den arterhaltenden Vorgang der Fortpflanzung erreicht. Die Befruchtung vollzieht sich bei ihnen nicht mehr fernab von dem wohlorganisierten Sporophyten auf einem durch Trockenheit leicht zerstörbaren kleinen selbständigen Gametophyten, sondern die Vereinigung der Gameten findet auf dem Sporophyten selber statt. Das wird dadurch ermöglicht, daß der Gametophyt räumlich irgendwie mit dem Sporophyten verbunden bleibt; also gleichsam in ihn zurückverlegt wird. In diesem Fall ist bei den Sporen eine Differenzierung eingetreten: die einen bleiben klein, werden in großer Zahl gebildet und ausgestreut, die Mikrosporen, die andern dagegen werden groß und schränken ihre Zahl ein, die Makro- oder Megasporen, die oft nur zu vieren in einem Sporangium entstehen, ja sich darin schließlich nur noch in der Einzahl ausentwickeln. Verschieden große Sporen (= Heterosporen) finden wir schon bei den Schuppenbäumen und treffen sie heute noch bei einer Reihe von Sporenpflanzen, z. B. bei *Selaginella* an. Der weitere

Fortschritt bestand nun darin, daß der Sporophyt seine Makrosporen nicht mehr abwarf, sondern im Sporangium eingeschlossen behielt, daß diese Makrosporen sich in dem Sporangium zum Prothallium mit Archegonien (weiblichen Geschlechtsorganen) entwickelten und — vom Sporophyten geschützt und getragen — auf Befruchtung warteten. Ja, der Sporophyt bildete sogar noch schützende Hüllen um das Makrosporangium aus: Indusien (lat. *indusium* = Anzug) und Integumente (lat. *integumentum* = Hülle).

Zur Befruchtung ist es notwendig, daß die Mikrosporen, die vom Sporophyten in ungeheurer Überzahl aus den Mikrosporangien ausgeschüttet werden, zu den Makrosporen gelangen, dort an geeigneter Stelle keimen und ihre Geschlechtskerne zu den in den Archegonien gereiften Eizellen entlassen. Das Vereinigungsprodukt der beiden Gameten, die Zygote (gr. *zygon* = Joch, Zweigespann), entwickelt sich dann — und das ist der weitere Fortschritt — in dem meist nährstoffhaltigen Prothallium zu dem Anfangszustand eines neuen Sporophyten, zu dem Keimling (= Embryo). Danach erst wirft der alte Sporophyt das inzwischen recht verwickelt gewordene Gebilde ab, also den vom Nährprothallium umgebenen Keimling mit der aus Makrosporangienwand und äußerem Integument gebildeten Schutzhülle. Dieses Gebilde, das sich entwicklungsgeschichtlich so sehr bewährt hat, das die junge wachstumsbereite Pflanze in sich birgt, sie mit Nährstoffen umgibt und durch derbe Schalen gegen äußere Einflüsse schützt, nennt man Samen. Mit dem Samen hat die Pflanze ein Verbreitungsmittel von ungeheurer Bedeutung gewonnen: Verwehung durch Wind, Wegspülen durch Wasser, Verschleppung durch Tiere. Die Samenpflanzen (= Spermatophyten), von denen sich schon bestimmte Formengruppen zwischen den herrschenden und mächtig sich ausdehnenden Sporenpflanzen der Steinkohlenzeit entwickelt hatten, besiedeln von der Zechsteinzeit an in breiter Formenentfaltung die von der sterbenden Steinkohlenvegetation freigegebenen Räume. Bis zur Unterkreide stimmen die Vertreter aus den verschiedensten Formenkreisen dieser Samenpflanzen darin überein, daß ihre Samen frei und unverhüllt getragen werden. Daher faßt man sie zur Gruppe der Nacktsamigen (= Gymnospermen) zusammen.

Einige zeitlich geordnete Beispiele sollen uns diese neue Gruppe etwas näherbringen.

Während unter den Artikulaten bis jetzt noch keine Formen gefunden werden konnten, die imstande waren, Samen zu bilden, können wir in dem Bärlappkreis schon Ansätze dazu bemerken. Man faßt diese Formen, die übrigens in ihrem Körperbau recht verschieden sind, zur Gruppe der Lepidospermen (gr. *lepis, lepidos* = Schuppe; gr. *sperma* = Same), also als Samenträger aus dem Kreis der Schuppenbäume, zusammen. Von baumförmigen Vertretern wäre hier *Lepidocarpon* (Abb. 76 bis 78) aus dem Oberkarbon zu nennen, von Kräutern *Miadesmia* (Abb. 79, 80) aus derselben Zeit. Die Funde lassen zwar eine Ausgliederung des Makrosporeninhaltes in ein vielzelliges Prothallium innerhalb der Samenhülle erkennen, zeigen aber weder deutliche Archegonien noch Embryonen. Zwischen den Haaren der zerschlitzten Makrosporangienhülle von *Miadesmia* wurden Mikrosporen beobachtet (Abb. 79).

Aus der Gestaltengruppe der eigentlichen Farne kennen wir einige Samenbildner, die wir als Pteridospermen, d. h. Samenfarne zusammenstellen. Vielleicht gehört schon *Eospermatopteris textilis* aus dem Oberdevon dazu. Jedenfalls aber der oberkarbonische *Lyginodendron Oldhamium* (Abb. 81), eine Klimmpflanze mit dünnem Stämmchen und großen Wedelblättern. Man hat seine von einer zipfelblättrigen Hülle umgebenen Samen (Abb. 81_3) in gutem Erhaltungszu-

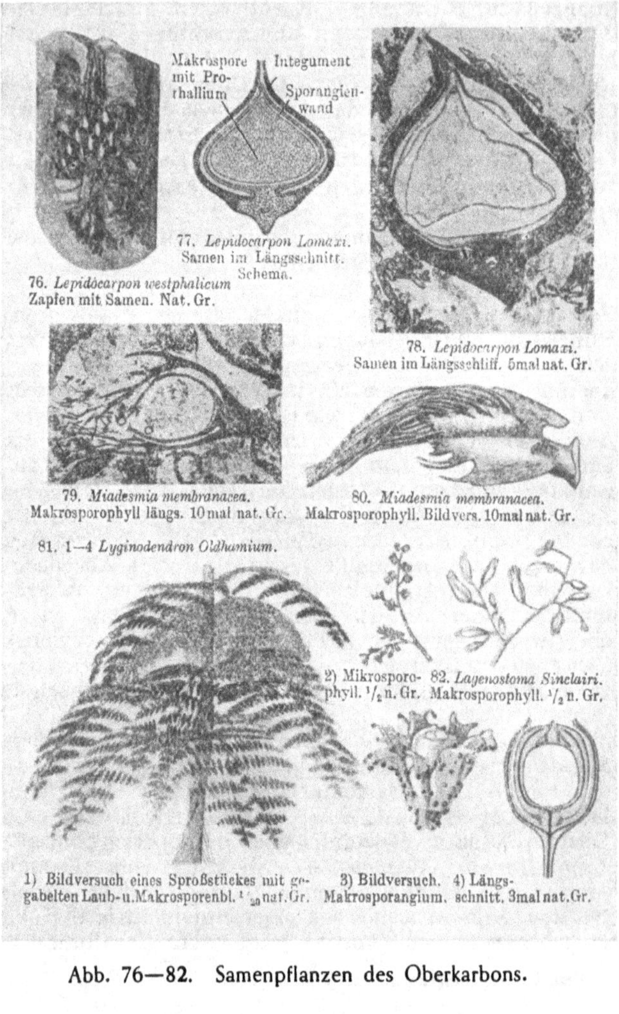

Abb. 76—82. Samenpflanzen des Oberkarbons.

stand gefunden und glaubt auch, seine Mikrosporangienstände (Abb. 81_2). entdeckt zu haben. Diese sitzen an Stelle von Laubfiederchen an dem Ende der Blattachse (Rhachis) und bestehen aus 6 bis 7 zweifächerigen Sporangien, die — abwärts hängend — von einem Stielchen getragen werden. Eine solche zwar für die Artikulaten kennzeichnende, aber bei den Farnen seltene Haltung der Sporensäcke erinnert uns an den oberkarbonischen Farn *Anachoropteris pulchra,* bei dem die Sporangien — je vier zu einem Synangium (gr. *syn* = vereint, gr. *angeion* = Behälter) vereinigt — am Rande der Fieder letzter Ordnung ebenfalls eingekrümmt stehen. Die Farnsporangien bilden sich also am Laub. Man nennt solche sporangientragenden Blätter S p o r o p h y l l e, auch wenn sich der Blattflächenanteil dieses Gebildes vollständig zurückgebildet hat. Die Mehrzahl der Farne besitzt Sporophylle mit flächenständigen Sporangien. *Lyginodendron* hatte — wie alle Samenpflanzen — außer den genannten Mikrosporophyllen auch Makrosporophylle, von deren Gesamtgestalt wir uns nach dem Fund einer verwandten Art (Abb. 82) eine Vorstellung machen können. Die einzelne Samenanlage war durch eine wesentliche Neubildung ausgezeichnet, durch die P o l l e n k a m m e r, einem Raum in der dicken Umhüllung über der Makrospore. Die Pollenkammer, die sich bei verschiedenen Gruppen von Samenpflanzen bis in die Gegenwart bewährt hat, dient dazu, die herbeigeführten Mikrosporen aufzunehmen. Diese keimen in der Pollenkammer, bilden ein wenigzelliges, schlauchförmiges Prothallium, das dann in der Reife zwei männliche Gameten entläßt.

Etwa mit den Pteridospermen zusammen, also vom Beginn des Karbons bis in die Zechsteinzeit hinein, lebten die K o r d a i t a l e n. Aus der Mittelzeit der Erdgeschichte sind sie nicht mehr bekannt. Wir haben ihre Vertreter schon als hohe Bäume mit weitverzweigter, starkbeblätterter Krone kennengelernt (S. 90) (Abb. 86). Zwischen den Blättern wuchsen aus den Zweigen be-

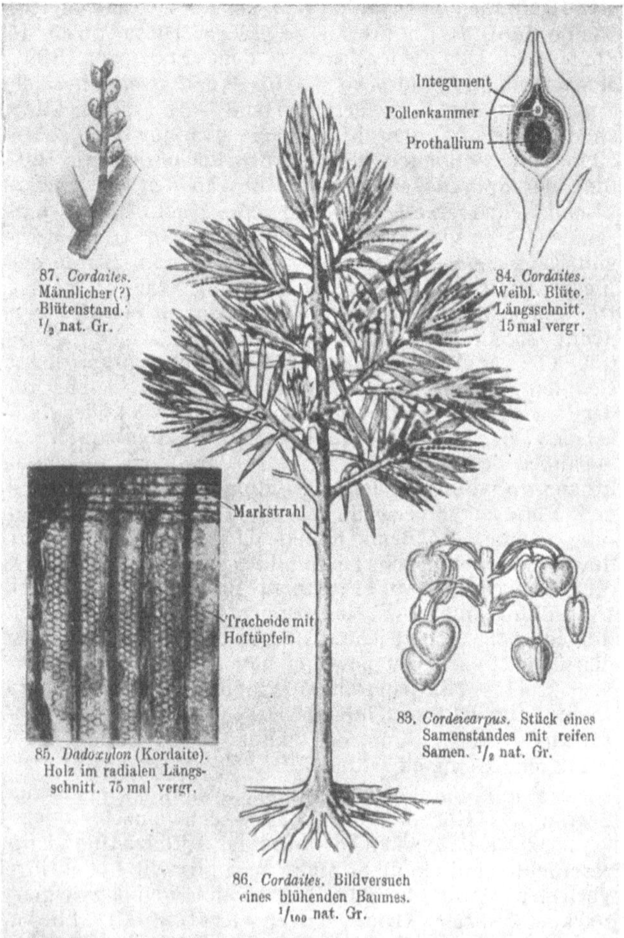

87. *Cordaites.* Männlicher(?) Blütenstand. $^1/_2$ nat. Gr.

84. *Cordaites.* Weibl. Blüte. Längsschnitt. 15 mal vergr.

85. *Dadoxylon* (Kordaite). Holz im radialen Längsschnitt. 75 mal vergr.

83. *Cordeicarpus.* Stück eines Samenstandes mit reifen Samen. $^1/_2$ nat. Gr.

86. *Cordaites.* Bildversuch eines blühenden Baumes. $^1/_{100}$ nat. Gr.

Abb 83—87. Kordaitalen, Karbon bis Rotliegendes.

sondere Sprosse mit den Fortpflanzungsorganen heraus. An einer Hauptachse saßen dichtgedrängt und zweiseitig angeordnet entweder Mikro- (Abb. 87) oder Makrosporangienstände, die man hier in ihrer Geschlossenheit als Blüten bezeichnen kann. Somit wären die ganzen Sprosse Blütenstände. Jede Einzelblüte, also jeder Sporangienstand, steht in der Achsel eines Trag- oder Hochblattes. Sie setzt sich aus Mikrosporangien zusammen, die zu je 2 bis 6 einen gemeinsamen Stiel haben oder aus einfachen Makrosporangien und aus Hüllschuppen, die alle miteinander spiralig an einer dicken Achse sitzen, so daß der Eindruck eines Zapfens entsteht. Die Makrosporangien lassen ein Integument und eine Pollenkammer erkennen (Abb. 84). Die Mikrosporen scheinen zum Schweben in der Luft besonders eingerichtet gewesen zu sein. Ähnlich wie bei den Pollenkörnern der Kiefer war auch bei ihnen die Außenschicht (Exine) von der Innenschicht (Intine) abgehoben, so daß ein tragender Hohlraum entstand. Über die Entwicklung des Keimlings weiß man nichts. Es ist eigentümlich, daß man in den Samen der Altzeitpflanzen keine Embryonen findet. Vielleicht hat ihre Entwicklung — wie bei manchen Zykadeensamen — erst nach dem Abfallen begonnen.

Die Vertreter der bis jetzt genannten Gruppen von Samenpflanzen (also die Lepidospermen, Pteridospermen und die Kordaitalen) blieben während der Karbonzeit rein mengenmäßig weit hinter der ungeheuren Formenfülle und Individuenzahl der Sporenpflanzen zurück. Mit dem Anbruch der Rotliegendenzeit, nach dem Ausklingen der sporenerzeugenden waldbildenden Bäume treten sie nicht nur rein landschaftsbestimmend in Erscheinung, sondern sie werden auch noch vermehrt durch neue, vorher nicht nachweisbare Formengruppen, die z. T. wie die Zykadalen, die Ginkgoalen und die Koniferen bis in die Gegenwart herüberreichen. Allerdings liegt die Hauptentfaltungszeit dieser neu hinzugekommenen

Gruppen in der Mittelzeit der Pflanzengeschichte vom Zechstein bis zur unteren Unterkreide. In der zweiten Hälfte dieses Zeitabschnittes kommen dann noch als besondere Gruppen der nacktsamigen Gewächse die Bennettitalen und die noch etwas rätselhaften Caytonialen hinzu, so daß jene Mittelzeit der Pflanzengeschichte mit Fug und Recht als Gymnospermenzeit bezeichnet werden kann.

Am engsten an die Pteridospermen schließen sich die Zykadalen, die Palmfarnähnlichen, an. Heute besitzen alle Erdteile außer Europa in ihren tropischen und subtropischen Zonen Vertreter aus der zu den Zykadalen gehörenden Familie der Zykadazeen. Die Pflanzen sind zweihäusig, d. h. die einen bringen nur Mikrosporophylle (Staubblätter), die andern dagegen nur Makrosporophylle (Fruchtblätter) hervor. Bei der baumförmigen, bis gegen 10 m hohen *Cycas revoluta,* die mit Vorliebe in japanischen Tempelgärten gepflegt wird, wechselt während des Wachstums immer ein Kranz spiralig gestellter Laubblätter mit einem Kranz ebenso gestellter Makrosporophylle ab, den man in eines Gesamtheit als Blüte bezeichnen kann. Durch diese Blüte wächst dann der Vegetationskegel hindurch und bildet zunächst wieder Laubblätter. Der obere Teil seiner Makrosporophylls ist hier ähnlich wie die Laubblätter fiederig zerschlitzt, der untere trägt auf beiden Seiten, wiederum fiederförmig angeordnet, die großen Makrosporangien, die im Innern ganz ähnlich gebaut sind wie die der Pteridospermen: Integument, Pollenkammer, eingeschlossene, prothalliumbildende Makrospore. Die Mikrosporophylle mit zahlreichen Mikrosporangien auf der Unterfläche stehen spiralig dicht gedrängt um eine das Ende des Stammes fortsetzende Achse und bilden zusammen eine Zapfenblüte.

Gewisse Ähnlichkeiten mit den Zykadalen haben die erst im Rhät, also im oberen Keuper auftauchenden Bennettitalen, die sich bald zu einer ungeahnten Artenfülle von schätzungsweise 30 000 bis 40 000 (nach

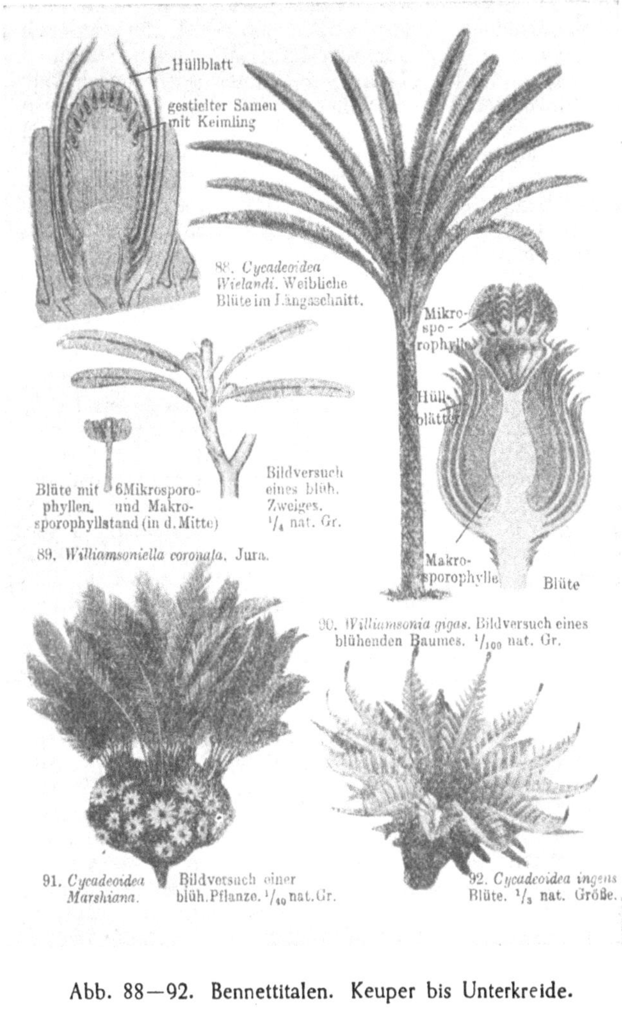

Abb. 88—92. Bennettitalen. Keuper bis Unterkreide.

Wieland 1916) verschiedenen Formen entfalten und bereits wieder mit dem Ausklingen der Unterkreidezeit verschwinden. Die aus den knollenförmigen Stämmen der *Bennettites* (= *Cycadeoidea*)-Arten seitlich zwischen den Blattfüßen heraustreibenden Blüten (Abb. 91) waren wohl zumeist zwittrig, sie enthielten also in der Regel sowohl Mikro- als auch Makrosporangienstände. Wir erhalten hierdurch tatsächlich den Eindruck einer höher organisierten Blüte (Abb. 92), wenn wir innerhalb des behaarten Hüllschuppenkelches zunächst den Kranz zierlich gefiederter, in der Jugend nach innen eingebogener Mikrosporophylle mit ihren dichten Synangienreihen an jedem einzelnen Fiederstrahl erblicken und dann schließlich auf zapfenförmig erhobenem Blütenboden die gedrängt stehenden Makrosporangien finden. Die engen Lücken zwischen den oft lang gestielten Makrosporangien waren ausgefüllt durch ebenfalls in die Länge gestreckte, am Vorderende keulenförmig verdickte Schuppen (Abb. 88). Diese schlossen außen zu einer gemeinsamen dichten Oberfläche zusammen, die lediglich durch die Integumentöffnungen der Makrosporen, die Mikropylen (gr. *mikros* = klein, gr. *pyle* = Türe), unterbrochen wurden. Durch diese Mikropylen wurden in irgendwelcher Weise die Pollen, also die Mikrosporen, in die darunter liegende Pollenkammer aufgenommen. Es herrscht noch keine einheitliche Ansicht darüber, wie die einzelnen Teile der *Bennettites*-Blüte entwicklungsgeschichtlich aufzufassen sind.

Noch mehr an die Tracht der höheren Blütenpflanzen erinnern die Vertreter einer Bennettitalengruppe, die durch zierlichen Wuchs und reich verzweigte Stämmchen gekennzeichnet sind. Zu ihnen gehört *Williamsoniella coronata* (Abb. 89) aus dem Jura. Ihre kleinen, blattachselständigen Blütchen besitzen in der Mitte einen — wenigstens in seiner äußeren Form — ebenfalls dem Fruchtknoten der höheren Pflanzen ähnlichen Zusammenschluß von Makrosporangien. Um diesen herum stehen, — um die Ähnlichkeit noch vollständig zu machen —, sechs perigon- also blütenhüllenartige Gebilde, die sich bei näherer Untersuchung als umgebildete Mikrosporophylle erweisen. Eine dritte Gruppe bestand aus hohen, palmbaumähnlichen Formen, zu denen *Williamsonia gigas* (Abb. 90) gehörte.

Zum Unterschied gegen die altzeitlichen Samenpflanzen enthalten die gefundenen Bennettitensamen wohlausgebildete Keimlinge, die denen der Zykadalen gleichen: zwei Keimblätter, Hauptwurzel.

In den Ginkgoalen besitzen wir ebenfalls eine eigentümliche Gruppe von Gymnospermen, die ihre Hauptentfaltungszeit im Mesophytikum — etwa während der Jurazeit bis zur unteren Kreide — besaß, und die nur mit einer einzigen Art der Gattung *Ginkgo,* nämlich *Ginkgo biloba,* in unsere Gegenwart herüberreicht. Und von diesem alleinstehenden Zeugen eines früher formenreichen Geschlechtes, — Florin (1936) unterscheidet 15 Gattungen mit vielen Arten —, nahm man an, daß er sich nur noch unter der Pflege des Menschen als Tempelbaum der Chinesen, Koreaner und Japaner erhalten hätte. Heute neigt man der Ansicht zu, daß *Ginkgo biloba,* in einigen chinesischen Landschaften (Chekiang, Tienmu-Shan) mit anderen Bäumen zusammen noch wild vorkomme. Die Sporangienstände der alten, vom oberen Keuper (Rhät) bis zur unteren Kreide lebenden Gattung *Baiera* besaßen viel mehr Makro- beziehungsweise Mikrosporangien als die der neuern, seit dem mittleren Jura nachweisbaren Gattung *Ginkgo.* Die gestielten Mikrosporangien stehen bei beiden Formen zu vielen an einer gemeinsamen Längsachse, so daß der Eindruck eines „Kätzchens" entsteht, wie wir es etwa bei der Eiche finden. Jedoch setzt sich das „Kätzchen" der Eiche aus einzelnen männlichen Blütchen, also vielen Mikrosporangienständen, zusammen, es ist also als Blütenstand zu werten, während bei Ginkgo die Hauptachse unmittelbar die einzelnen Mikrosporophylle mit je 2 (bis 7) Sporangien trägt, so daß wir das ganze Gebilde in seiner Gesamtheit als Mikrosporangienstand oder männliche Blüte zu deuten haben. Ob wir berechtigt sind, den entsprechenden Makrosporangienstand, — ein vor einem Deckblatt stehendes Stielchen mit meist zwei am Ende paarig gestellten Makrosporangien —, als „weibliche Blüte" zu bezeichnen, ist Sache persönlicher Ansicht. Das Innere des Makrosporangiums entspricht in den wesentlichen Teilen den schon besprochenen Makrosporangien des Pollenkammertyps. Aus den in der Pollenkammer keimenden Mikrosporen (= Pollenkörnern) gelangen die Spermatozoen durch Eigenbewegung zu den Eizellen der zwei oder drei Archegonien, ähnlich wie bei den Zykadophyten, Die Verschmelzung, also die Befruchtung, kann unmittelbar auf die Bestäubung folgen, oder sie kann zeitlich so weit von ihr getrennt sein, daß sich in der Zwischenzeit der äußere Samen entwickelt. Diesen Fall finden wir besonders bei den von uns angepflanzten *Ginkgo*-Bäumen. Aus dem Verschmelzungsprodukt, der Zygote, gliedert sich allmählich ein Keimling aus, an dem sich eine Wurzel und ein Sproß mit zwei Keimblättern unterscheiden lassen. Der Embryo liegt in dem aus dem Makrosporen-Prothallium hervorgegangenen Nährgewebe. Das Integument bildet bei den *Ginkgo*-Samen dadurch einen guten Schutz um Nährgewebe und Keimling, daß seine inneren Schichten zu einer harten Steinschale werden. Die Außenschichten entwickeln sich dagegen zu einem fleischigen Mantel. Die Feingestaltung des Stammes stimmt im wesentlichen mit der des einfacheren Holzstammtyps überein. Das Holz besteht nur aus Tracheiden und Markstrahlen.

Hierin gleichen die Ginkgoalen den K o n i f e r e n (= Zapfenträgern), zu denen unsere Nadelbäume gehören. Ihre bis jetzt gefundenen ersten Spuren liegen im Permokarbon. Allerdings stammen aus jener Zeit nur Reste von Hölzern und beblätterte Zweige, aber keine Fortpflanzungsorgane, so daß ein Vergleich mit den späteren Formen nur sehr schwierig durchzuführen ist. Als Leitfossil für das Rotliegende, d. h. als sicher auf diese Formation beschränkte Form, gilt *Walchia.* Diese Konifere ist uns durch nadeltragende Zweige, vielleicht auch durch Markkörper ihrer Stämme und einen Zapfen überliefert. Die in Europa sowie in den westlichen und mittleren Vereinigten Staaten gefundenen Zweigstücke erinnern an unsere Zimmer-„Tanne" (*Araucaria excelsa*). Im Zechstein erscheinen in Verbindung mit den Kupferschiefern die „Frankenberger Kornähren", wie sie von den Bergleuten genannt werden. Es handelt sich um kurze Zweigstücke eines Nadelholzes, die ringsum dicht mit kürzeren oder auch längeren Nadeln besetzt sind, so daß tatsächlich der Eindruck einer Getreideähre entsteht. Etwas Ähnlichkeit mit den Formen aus dem Verwandtschaftskreis unserer heutigen Sumpfzypressen (Taxodien) zeigen die verschiedenen, im Zechstein, im Buntsandstein und im mittleren Keuper gefundenen Formen der *Voltzia,* von denen man sowohl benadelte Zweigstücke als auch Zapfen mit reifen Samen kennt. Aus der Jurazeit sind ebenfalls Nadelholzreste erhalten, darunter solche aus dem heute noch lebenden Formenkreis von *Araucaria.* In der Kreide kommen zu den Juraformen noch neue, z. T. den heutigen ganz ähnliche hinzu: Schirmtanne (*Sciadopitys*), Lebensbaum (*Thuja*), Flußzeder (*Libocedrus*), Fichte (*Picea*), Kiefer (*Pinus,* schon aus der Unterkreide!) u. a. Erst aus dem Tertiär kennen wir dagegen die Sumpfzypressen (*Taxodium*), die Mammutbäume (*Sequoia u. Metasequoia*), — die bei der Braunkohlenbildung eine hervorragende Rolle spielen —, und eine stattliche Reihe von anderen, heute noch lebenden Formen, wie z. B. unsere Lärche (*Larix*). Merkwürdig erscheint, daß man auch im Tertiär bis jetzt noch keine Reste der Eibe (*Taxus*) gefunden hat.

Die weiblichen Blüten stehen bei den Nadelhölzern meistens nicht einzeln wie bei der Eibe, sondern in Blütenständen, die zu den bekannten „Zapfen" heranreifen. Die männlichen Blüten bestehen aus Mikrosporophyllen mit nach unten hängenden Sporangien, die in dichter Folge spiralig um eine Blütenachse angeordnet sind. Bei den Abietineen, den Tannengewächsen, sind die Mikrosporen, also die Pollenkörner, oft mit besonderen Schwebevorrichtungen ausgestattet: die Außenhaut (Exine) ist auf zwei Seiten des Kornes blasenförmig emporgetrieben und mit Luft gefüllt. Solche Pollenkörner sind schon im Rhät, also im oberen Keuper, gefunden worden: *Pityosporites.* Durch die Möglichkeit, sich länger schwebend in der Luft halten zu können, wird eine größere Sicherheit für die Bestäubung und somit für die Fortpflanzung erreicht.

Die immer stärker in Erscheinung tretende Unabhängigkeit von Wasser als Brücke für die männlichen Geschlechtszellen führt schließlich bei den Koniferen dazu, daß überhaupt k e i n e s i c h s e l b s t ä n d i g b e w e g e n d e n, mit eigenen Rudervorrichtungen ausgestatteten K e i m z e l l e n gebildet werden. Der aus den Mikrosporen austretende Pollenschlauch wächst durch das Gewebe der Samenknospe hindurch bis dicht an die Eizelle, so daß sich einer von den vor der Befruchtung in dem P o l l e n s c h l a u c h entwickelnden Spermakernen unmittelbar mit dem Kern der Eizelle vereinigen kann.

O b e r e U n t e r k r e i d e b i s G e g e n w a r t: B e d e c k t s a m e r (A n g i o s p e r m e n).

Die Samenpflanzen mit ihren schon auf der Mutterpflanze vorgebildeten und meist von einem Nährgewebe umgebenen Keimlingen haben allmählich das Landschaftsbild beherrscht und immer mehr die Sporenpflanzen mit ihren zwiefachen Ansprüchen an die Umgebung für die selbständige Entwicklung sowohl der sporenerzeugenden als auch der Geschlechtszellen tragenden Generation ersetzt. Bei den Nacktsamigen lagen die Samen frei und im allgemeinen wenig geschützt naschlustigen Tieren und anderen äußeren Einflüssen preisgegeben. Eine Ausnahme macht hiervon der Wacholder (*Juniperus*), bei dem drei Fruchtblätter während der Reife die drei Samenanlagen vollständig umwachsen, so daß ein geschlossener „Beerenzapfen“, die bekannte blauschwarze Wacholderbeere, entsteht.

Der nächste Entwicklungsschritt führte dann zu einer Schutzvorrichtung für diese Samen, zu einer Außenhülle. Diese bildete sich aus dem Makrosporophyll, dem Fruchtblatt (= Karpell, gr. *karpos* = Frucht). Entweder verwachsen die Ränder jedes einzelnen, sich schützend um die Samenknospe oder Samenknospen legenden Fruchtblattes zu einem geschlossenen Behälter (= gr. *angeion*), oder dieser Behälter entsteht dadurch, daß die Ränder mehrerer quirlartig nebeneinanderstehender Fruchtblätter miteinander verwachsen. Im ersten Falle entsteht der apokarpe Fruchtknoten (Abb. 15a), im zweiten der synkarpe (Abb. 15b). Aus dem Fruchtknoten entwickelt sich die Frucht. Wird die Fruchtknotenwand bei der Fruchtreife zu einer trockenen Hülle, die die aus den Samenknospen entwickelten Samen durch selbständig entstehende Öffnungen aus dem Innern entläßt, dann sprechen wir von Kapselfrüchten (z. B. Mohn). Bei den Beeren hingegen bildet sich aus der Fruchtknotenwand eine fleischige, saftige Gewebemasse, die die Samen vollständig umwachsen kann (z. B. Stachelbeere). Bei den Steinfrüchten, also z. B. unseren Kirschen, wandeln sich die Mittelschichten des Karpells zu dem saftigen Fleisch um, die Innenschicht wird dagegen zu dem harten Steinmantel, der für den Samen einen ganz besonderen Schutz bedeutet. Hier löst sich nicht die Fruchtwand von der Samenwand, sondern der Stein, also der von der inneren Karpellschicht umgebene Samen, von dem Fleisch. Die Trennung geht also mitten durch die Fruchtwand. Die Beeren und Steinfrüchte gehören zusammen mit anderen Fruchttypen, wie z. B. den Nüssen, zu den Schließfrüchten, die im Gegensatz zu den Springfrüchten der Kapseln sich nicht selbständig öffnen, um ihre Samen zu entlassen. Daß solche Beeren mit hartschaligen Samen sowie die Steinfrüchte von Tieren verzehrt werden können, ohne daß die Fortpflanzung der Gewächse dabei wesentlich gefährdet wird, wie bei den Nacktsamigen, bei denen jeder verzehrte Samen (z. B. Zirbelnüsse!) für die Vermehrung der Pflanze ausfällt, bedeutet einen weiteren Vorteil. Ja, die Tiere werden durch auffallend buntgefärbte Früchte mit wohlschmeckendem und nahrhaftem Fleisch geradezu zur Verbreitung der Samen aufgefordert.

Aber nicht nur die Verbreitung der Samen erfährt bei den Angiospermen neue Möglichkeiten. Auch die Übertragung des Blütenstaubes, der Mikrosporen, wird auf eine breitere und daher sicherere Grundlage gestellt. Für die Gymnospermen ist der Wind das Übertragungsmittel der Pollenkörner. Diese können dazu ganz besonders eingerichtet sein wie bei unserer Kiefer und ihren Verwandten. Allein bei der südafrikanischen *Cycas*-Verwandten *Encephalartos* hat man Käfer als Überträger des Pollens auf die weiblichen Blüten feststellen können. Bei den Angiospermen tritt nun die Insektenbestäubung gleichwertig neben die Windbestäubung, ja diese beschränkt sich sogar nur auf verhältnismäßig wenige Gruppen, zu denen die Kätzchenblütler gehören, also unsere Eichen, Buchen, Birken und deren Verwandte, sowie die Gräser. Wie die Tiere durch Farbe und Duft von den Früchten angelockt werden, so folgen sie auch den bunten Reklameschildern der Blüten, den mannigfaltig gefärbten und gestalteten Kronblättern (manchmal auch Kelch- und Hochblattbildungen), oder dem entströmenden Blütenduft, um an den verlockenden Nektar zu kommen und dabei sich mit Pollen zu beladen. Die zielsichere Verfrachtung des Blütenstaubes erlaubt hier eine sparsamere Ausbildung, es brauchen nicht mehr solche Massen verschwendet zu werden wie bei den Windblütlern. Ja, es können sich sogar noch Formen halten, die wie die bei uns als Zierpflanzen beliebten amerikanischen *Canna*-Arten in jeder Blüte nur ein einziges Staubblatt (= Mikrosporophyll) besitzen, das zudem in seinem Blütenstaub erzeugenden Teil, der Anthere, nur zur Hälfte ausgebildet ist.

Wie gelangt aber nun der befruchtende Inhalt des Pollenkornes zu der Eizelle, wenn die Samenknospe nicht mehr freiliegt, wie bei den Gymnospermen, sondern von dem Fruchtblatt allseitig und sorgfältig umhüllt ist? Auch hier wieder muß der Pollenschlauch als Verbindungsorgan helfen. Aber diesmal entwickelt er eine noch größere Aktivität als bei den Nacktsamern. Er wächst nicht nur in die Mikropyle der Samenknospe hinein, sondern er durchwuchert zunächst das Fruchtblatt. Ja, er muß sich sogar durch den Griffel in die Tiefe drängen. Dieser ist eine Gewebesäule, die über dem gehäuseförmigen Teil des Fruchtknotens aus den zu Spitzen ausgezogenen Enden der Fruchtblätter entsteht. Dieser Griffel ragt als nützliche Auffangstange aus der Blüte hervor und besitzt außerdem noch an seinem Vorderende als Auffangfläche die Narbe, die häufig aus den gelösten und auseinandergefalteten Enden der Fruchtblattspitzen besteht. Die Anzahl der Narbenschenkel läßt in diesen Fällen einen Schluß auf die Anzahl der den Fruchtknoten bildenden Fruchtblätter zu. So hat der Pollenschlauch einen langen Weg: er entsteht durch die Keimung des Blütenstaubkornes in der Narbenflüssigkeit, er durchwuchert das feste Griffelgewebe, dringt in die Höhlung des Fruchtknotens ein, findet eine Samenknospe und bahnt sich den Weg durch die Mikropyle (Porogamie: gr. *poros* = Öffnung, gr. *gamein* = befruchten), oder durchwächst die Fruchtknotenwand vom Griffel aus weiter und durchbohrt die Samenknospe an einer der Mikropyle entgegengesetzten Stelle (Chalazogamie: gr. *chalaza* = Hagel, hier Stelle, an der die Samenknospe an ihrem Stielchen, dem Funikulus, sitzt). Konvergenzbildungen zu dem Griffel der Angiospermen sind schon bei den Gymnospermen zu finden. So wächst bei der Konifere *Saxegothaea* (Anden) das Gewebe des Knospenkernes (Nuzellus) griffelförmig aus dem Makrosporangium heraus. Bei *Ephedra* und *Gnetum* leitet eine aus dem inneren Integument gebildete, weit hervorragende Röhre den aufgefangenen Pollen hinunter in die Pollenkammer.

Die gesteigerte Sicherung der Bestäubung durch die Insekten, der bessere Schutz des reifenden Samens tief im Verborgenen der Blüte, die oft zur Verschleppung lockenden Früchte bedeuten für die Angiospermen vermehrte Vorteile in bezug auf Fortpflanzung und Verbreitung. Hierzu kommen noch überlegenere Einrichtungen der Individualentwicklung: reichere anatomische Ausgliederung des Nährlösung leitenden Gewebes mit seinen querwandlosen Gefäßen (Tracheen), Laubabwurf in ungünstigen, wasserarmen Jahreszeiten, ungeheure Ausgestaltungsmöglichkeiten des Körpers vom Polsterwuchs über die Staudenform bis zu dem Strauch- und Baumtyp. Mit diesen Fähigkeiten ausgerüstet eroberten sich die bedecktsamigen Blütenpflanzen selbst die unwirtlichsten Gegenden. Durch eine Menge von Sondereinrichtungen zum Klettern, Schwimmen, Untertauchen, Luft- und Wasserspeichern, Schmarotzen und Verwerten von verwesenden Stoffen besiedeln sie die verschiedenartigsten Räume.

Wie weit läßt sich diese die Gegenwart des Pflanzenreichs beherrschende Gruppe der Angiospermen zurückverfolgen? Die Insektenblütler dürfen wir natürlich nicht vor dem Erscheinen der zum Übertragen des Blütenstaubes geeigneten Insekten erwarten. Fliegen kennen wir aus dem Lias, Schmetterlinge aus dem Dogger (Schmetterlinge aus dem Malm des Solnhofener Schiefers besaßen noch keine Mundwerkzeuge zum Saugen des Nektars!) und Immen (Hautflügler) aus dem Malm, also aus den drei Schichtfolgen der Juraformation. Aus der darauf folgenden Kreidezeit erhalten wir die erste Kunde von bedecktsamigen Pflanzen. Unvermittelt überliefern uns die Schichten der oberen Unterkreide Reste von Angiospermen: Blätter und Hölzer. Man fand sie in Nord-Amerika (Blätter der Potomac-Flora von Maryland), in Portugal (Blätter) und in Süd-England (Dikotylen-Hölzer). Sie gehören z. T. zu den Formen-Gruppen der zweikeimblättrigen, z. T. zu denen der einkeimblättrigen Pflanzen. Die Möglichkeit der Konvergenz-Gestaltung (S. 13) — sogar Aderung! — von Blattformen erschwert sicheres Zuordnen zu Verwandtschafts-Kreisen der Gegenwartsflora. Immerhin lassen sich Beziehungen zu den unter den heute lebenden Pflanzen als primitiv angesehenen Gruppen der Polycarpicae (Magnolia, Sassafras!) und Weidengewächsen (Populus!) erkennen. Reste einkeimblättriger Pflanzen weisen in die Richtung der Froschlöffel-Gewächse (Sagittaria!). Aus der Oberen Kreide kennen wir die ältesten Palmenreste (aus dem Zenoman), sowie die ältesten Buchenreste neben Myrica- u. Salix-Arten und einer Reihe von noch nicht enträtselten Formen, unter denen *Credneria* (Platanen-Verwandte?) besonders auffällt. Vielleicht ebenfalls aus den Schichten der obersten Kreide erhielten wir die erste Kunde von einer zweikeimblättrigen Pflanze mit verwachsenen Kronblättern, von einer Oleanderform (*Nerium*). In der darauffolgenden Tertiärzeit häufen sich die Funde nicht nur ihrer Zahl nach, sondern auch in bezug auf ihre Formenmannigfaltigkeit. Aus dem jüngeren Tertiär sind uns Pflanzenformen überliefert, die noch zu unserer heute lebenden Vegetation gehören, so der Feldahorn (*Acer campestre*) aus dem Miozän Steiermarks und Schlesiens, die Rotbuche (*Fagus silvatica*), der Buchs (*Buxus sempervirens*) und der Efeu (*Hedera helix*) aus dem Pliozän.

III. Schlußfolgerungen für den Ablauf der Entwicklungsgeschichte des Pflanzenreiches.

Wir haben versucht, uns auf zwei verschiedenen Wegen den Arbeitsstoff zu verschaffen, den wir zur Beantwortung der Frage nach dem Ablauf der Entwicklungsgeschichte benötigen. Die mit uns lebenden Pflanzen erscheinen in ihrer organisch-belebten Ganzheit. Sie offenbaren uns alle Seiten des Lebens, insofern dieses der Beobachtung und dem Experiment nur irgendwie zugänglich ist. Sie bilden aber gleichsam nur die letzte beschriebene Seite in dem stets unvollendeten Buche der Entwicklung. Wollen wir rückwärtsblättern, um die großen Zusammenhänge zu erfahren, dann sind wir gezwungen, unsere Arbeitsweise gar einzuschränken. Als Zeugen vergangener Zeiten bleiben uns nur noch erstarrte Formen, die zwar der vergleichenden Morphologie zugänglich sind, sonst aber kein unmittelbares Bild von den vielseitigen Lebenserscheinungen und den sie bewegenden Kräften geben. Nur auf Grund von Analogieschlüssen von unseren heutigen Pflanzen her können wir uns eine — oft umstrittene — Vorstellung von dem Leben jener Gewächse machen. Aber dennoch hat auch dieser Weg seinen besonderen Vorteil. Wir können, — um bei dem Gleichnis zu bleiben —, in dem Buch nach dem Anfang blättern; allerdings fehlen viele Seiten und die Schrift ist oft unleserlich. Aber wir können große Zeiträume durchschreiten. So müssen sich zur Ergründung der Entwicklungsgeschichte des Pflanzenreiches sämtliche Arbeitsweisen ergänzen, die dem Botaniker nur irgendwie zur Verfügung stehen.

Zunächst wollen wir einmal kurz zusammenstellen, was wir an bedeutungsvollen Tatsachen gefunden haben.

1. Jede Pflanze ist auf Grund der Fortpflanzung mit ihren Vorfahren zu Ahnenketten verbunden.

2. Ahnenketten brauchen nicht bis auf getrennt erschaffene Arten parallel zurückzulaufen, da durch a) Mutation (S. 45) und b) Kreuzung zu Homozygoten (= reinerbigen Befruchtungsprodukten) (S. 43) neue Formen aus schon vorhandenen entstehen können.

3. Wir kennen geographische Ausstrahlungsgebiete, die Mannigfaltigkeitszentren (S. 39), weiter Gebiete mit Formübergängen und endlich Gebiete isolierter Formen (vikariierende Formen und Endemiten) (S. 39, 40).

4. Die heute lebenden Pflanzen lassen sich von den einfachsten bis zu den höchstentwickelten in Organisationsstufen anordnen, in denen gemeinsame Gestaltungspläne, Gestaltungsstoffe und oft auch gemeinsame Lebensäußerungen zu erkennen sind.

5. Die Pflanzenreste aus der Erdgeschichte weisen auf eine Höherentwicklung aus einfachsten Formen während des zeitlichen Ablaufes hin: Zeit der Algen, Nacktfarne, Blattfarne, Nacktsamer, Bedecktsamer (S. 48). Die große Mehrzahl der heutigen Formen läßt sich erdgeschichtlich nicht sehr weit zurückverfolgen.

6. Während im Laufe der gewaltigen erdgeschichtlichen Zeiträume einerseits neue Formen erscheinen, löschen andrerseits nicht nur einzelne bestehende Formen, sondern ganze Gestaltungsgruppen aus wie z. B. die Schuppenbäume, Siegelbäume, Kalamiten, Bennettiten, Kordaiten.

Aus diesen Grundtatsachen verbunden mit einer reichen Menge von weiteren Beobachtungen lassen sich Schlußfolgerungen ziehen.

1. Die Fülle der bestehenden Formen kam durch Abstammung, d. h. durch die Entwicklung aus gemeinsamen Ahnenformen zustande: Abstammungs- oder Deszendenzlehre.

2. Die Ahnenformen waren im allgemeinen einfacher organisiert als ihre Abkömmlinge.

3. Die paläbotanischen Funde weisen darauf hin, daß auch heutige Formen niederer Organisa-

tionsstufen die *entwicklungsgeschichtlich älteren* sein können (vgl. aber S. 118).

4. Das *Aussterben* kann verschiedene Gründe haben:

a) *Erschöpfung des Erbgutes.* Hierfür liegen keine allgemeingültigen Beweise vor. Im Gegenteil sehen wir oft ganze Gruppen nicht mit Kümmerformen vom Plane abtreten, sondern auf der Höhe ihrer Entwicklung (Schuppenbäume!).

b) *Wechsel der Umwelt.*

aa) Plötzlicher Wechsel in den Umweltsverhältnissen mit gewaltsamer Vernichtung der Lebensformen: Katastrophen.

bb) Allmählicher Wechsel der Umwelt. Die Pflanzen sind nicht mehr imstande, mit ihren übernommenen Einrichtungen ihr Leben zu erhalten, da sich die äußeren Voraussetzungen dazu geändert haben (z. B. läßt das Trockenklima des ausklingenden Paläophytikums Pflanzen mit schwach ausgebildeten Wasserleitungssystemen nicht mehr zu).

5. Umgekehrt können sich neuentstandene Formen nicht halten, d. h. in die Zukunft hinein keine neuen Linien bilden, wenn sie *für die Umwelt*, in die sie hineingeboren werden, nicht günstig *ausgerüstet* sind. Hierbei lassen sich zwei Möglichkeiten unterscheiden:

a) *absolute Lebensuntüchtigkeit* (z. B. Fortfall von lebenswichtigen Organen, oder sinnlose und lebensgefährdende Übersteigerung von Merkmalen),

b) *relative Lebensuntüchtigkeit*, d. h. nur in bezug auf die gerade herrschende Umwelt (etwa mutative Bildung großer verdunstender Oberflächen bei Steppenformen).

Während die absolute Lebensuntüchtigkeit allemal zur *Ausmerze* führen muß, kann die relative Lebensuntüchtigkeit bei einer zufälligen günstigen Änderung der Umwelt oder einer örtlichen Verschleppung in günstigere Gegenden unter Umständen erhaltend wirken.

6. Sind die neuentstandenen Formen in bezug auf ihren Lebensraum **vorteilhafter eingerichtet** als ihre Stammformen, dann können sie diese durch Konkurrenz **verdrängen**. So entwickeln sich die Bestände der hybridogenen Art *Spartina Townsendii* (vgl. S. 45) weit kräftiger als die ihrer Eltern-Arten. Außerdem ist es ihnen möglich, ihren Lebensraum bis in seither ungünstigere Gebiete (Kampfzonen) hinein zu **erweitern**. Außer der Bildung von besonderen Anpassungsmerkmalen scheint nach den Untersuchungen von Hagerup, Tischler u. a. eine Vervielfachung des Chromosomensatzes (Polyploidie) zu größerer **Lebenstüchtigkeit** zu führen. Während bei den Pflanzen mit zirkumpolarem Wohngebiet etwa 60% Polyploide zu finden sind, sinkt der Hundertsatz für südlichere Verbreitungsgebiete auf ungefähr 27. Unter den Blütenpflanzen Siziliens gibt es nur wenig polyploide, Island und die Faröer besitzen dagegen sehr viele. In diesem Sinne soll nach Geßner im Generationswechsel (S. 93) — während der Ontogenese — die diploide Phase lebenstüchtiger sein als die haploide (Grund: Erhöhung der Kombinationsfähigkeit der Gene und gesteigerte Möglichkeit der Gen-Umwandlungen). So könne mit Hilfe der Selektions-Theorie die allmähliche Zurückdrängung der haploiden und die schrittweise Zunahme und Differenzierung der diploiden Phase erklärt werden: Reihe der Braun- und Rotalgen; Bryophyten — Pteridophyten — Gymnospermen (S. 125). **Das Lebenstüchtigere wird durch Auslese erhalten.**

7. Die **Einzelform** ist das **Ergebnis aus Erbstrom und Umwelt**. Dabei erhält die Erbkraft, die aus dem Anlagenbestand wirkt, die **Stammesmerkmale** (= Organisations- oder Konstitutionsmerkmale), die in dem „Gestaltungsplan" ihren Gesamtausdruck finden. Die Umwelt verwirklicht die durch das Erbgut gegebenen Möglichkeiten. Liegen diese über dem Bereich der Lebenserhaltung hinaus in dem der Lebens-

förderung, dann führen sie zu Anpassungsmerkmalen, die der Auslese dienen. Liegen die Möglichkeiten außerhalb dieser Bereiche, dann führen sie zur Ausmerze. „Neutrale" Formen bleiben erhalten und vermehren die Gestalten-Fülle wie bei den Zieralgen (*Desmidiazeen*), den Kieselalgen (*Diatomeen*), den Doldenblütlern (*Umbelliferen*) und Korbblütlern (*Kompositen*).

Die Anpassungsmerkmale können unter Umständen den Gestaltungsplan verschleiern, aber nicht grundsätzlich verändern. Ökotypen (= Anpassungstypen) aus gleicher Umwelt können dann Phylotypen (= Stammestypen) vortäuschen: Konvergenz (S. 13).

Die Anpassungsmerkmale brauchen sich nicht nur in neu hinzugekommenen Eigenschaften auszuprägen, sondern können sich auch in der Vereinfachung (Reduktion) zeigen. So bedarf die parasitische Lebensweise nicht der gesteigerten Arbeitsteilung, zu der die sich selbständig ernährenden Pflanzen allmählich gelangt sind. Wir finden bei den schmarotzenden Formen eine oft erstaunlich weitgehende Vereinfachung, die wiederum zu niedrigsten Organisationsstufen führen kann. Der Vegetationskörper der indomalayischen Blütenpflanzen-Gattung *Rafflesia* (Blüten bis 1 m Durchmesser!) ähnelt dem Myzel (Fadengeflecht) der Pilze. Er durchzieht schmarotzend die Wurzeln seiner Wirtspflanze *Cissus*.

Die Formvereinfachungen machen bei der systematischen Einordnung dann Schwierigkeiten, wenn über die Anpassungsmerkmale hinaus die Stammesmerkmale angegriffen und verändert sind. Dann entsteht die Frage: „primitive" oder „abgeleitete" Form?

Formen- oder Eigenschaftsreihen lassen sich im allgemeinen nach irgendwelchen Gesichtspunkten ohne Schwierigkeiten aufstellen. Zweifel erheben sich gewöhnlich darüber, in welcher Richtung solche Formenreihen stammesgeschichtlich zu lesen sind. So leiten z. B. die meisten Paläobotaniker *Asteroxylon* (S. 60) von der einfacheren *Rhynia* ab. Troll glaubt unter Hinweis auf die nackten, Sporangien tragenden

Endverzweigungen jener Pflanze *Rhynia* als Reduktionsform von *Asteroxylon* auffassen zu können. Unter den lebenden Pflanzen gibt u. a. die Gruppe der Buchenartigen (Fagalen) Anlaß zu Meinungsverschiedenheiten. Wettstein, Engler, Warming u. a. sehen in den Buchen, Eichen, Birken und deren Verwandten ursprüngliche Formen, während Hallier, Mez u. a. dieselben Pflanzen für abgeleitet halten und in ihren einfach gebauten Blüten Reduktionserscheinungen zu erkennen glauben.

Für eine Reihe von Merkmalen scheint man sich in bezug auf ihren phylogenetischen Wert im klaren zu sein. Zu den primitiven Merkmalen der Angiospermen zählen: spiralförmige Anordnung der Achsenorgane (Seitenachsen, Laubblätter, Blattbildungen der Blüte), einförmige Ausgestaltung des Holzes (nur Tracheiden), immergrünes Laub, zapfenförmige Blütenachse, wechselnde Zahl der Blütenteile, strahlige Ausbildung der Blüte, bleibende Trennung der Blütenorgane, zahlreiche Samenknospen, Vorrichtungen zur Windbestäubung. Die entsprechenden abgeleiteten Merkmale wären: quirl- bis gegenständige Anordnung, Vielgestaltigkeit der Holzzellen (Tracheiden, Tracheen, Holzfasern, Holzparenchymzellen), sommergrünes Laub, napf- bis krugförmige Blütenachse, bestimmte Zahl der Blütenteile, spiegelbildige Ausbildung, Verwachsungen, wenige bis eine Samenknospe, Einrichtungen zur Insektenbestäubung. Nach Juhnke und Winkler (1938) lassen sich sämtliche Fruchtknoten-Typen der Angiospermen (S. 108) von der — ursprünglichen — apokarpen Balgfrucht ableiten. Dagegen widersprechen sich die Ansichten über die Bewertung anderer Merkmale. So hält z. B. Engler die Formen mit Zwitterblüten für phylogenetisch älter als diejenigen mit eingeschlechtigen Blüten. Zimmermann dagegen stellt die eingeschlechtigen Blüten zu den primitiven und die Zwitterblüten zu den abgeleiteten Merkmalen.

Selbst, wenn man sich über die entwicklungsgeschichtlich bedingte Reihenfolge der Merkmale einig und klar wäre, dürfte man sich nicht dazu verleiten lassen, von solchen Eigenschaftsreihen unmittelbar auf die Ahnenreihe ihrer Träger zu schließen. Es kommt häufig vor, daß die Formen innerhalb einer solchen Reihe vollständig umgestellt werden müßten, wenn man sie nach dem Entwicklungsgang eines anderen Merkmals aufstellen wollte. Es handelt sich hierbei um die von dem Paläontologen L. Dollo benannte Erscheinung der Spezialisationskreuzungen. Selbstverständlich können wir, besonders an dem fossilen Material, nur die Phylogenie von Merkmalen verfolgen. Und Zimmermann betont mit Recht, daß die Merkmalsphylogenetik — natürlich zunächst nur in bezug auf den Entwicklungsgang der gerade untersuchten Merkmale — verhältnismäßig sicher arbeitet. Aber die Untersuchung des Entwicklungsablaufes von einzelnen Merkmalen oder von Merkmalskomplexen soll nicht das letzte Ziel entwicklungsgeschichtlicher Betrachtungen sein, sondern die Klärung der Sippenphylogenese. So wird die Merkmalsphylogenetik zur zuverlässigsten Dienerin der Sippenphylogenetik.

IV. Darstellungsweisen für das Pflanzenreich in seiner Entwicklungsgeschichte.

Um einen Überblick über die ungeheure Formenfülle der Gewächse zu bekommen, ist es notwendig, ähnliche Formen nach bestimmten Gesichtspunkten zu Gruppen zusammenzufassen. Auf die Verschiedenartigkeit solcher Gesichtspunkte, die zu künstlichen oder natürlichen Systemen führen, ist schon hingewiesen worden (S. 15, 21). Nach den Schlußfolgerungen des vorhergehenden Abschnittes kommt heutzutage selbst für eine rein praktischen Zwecken dienende Zusammenstellung nur das natürliche System in Betracht. Aber die Systematiker sind vorsichtig. So gab z. B. Engler, der „die Aufstellung eines phylogenetischen Systems wegen unserer mangelnden Kenntnisse der Zusammenhänge noch für unmöglich" hielt, nicht „das" natürliche System, sondern nur ein System der „morphologischen Stufen". Wettstein zeigt uns acht Stämme des Pflanzenreiches: *Schizophyta, Monadophyta, Myxophyta, Conjugatophyta, Bacillariophyta, Phaeophyta, Euthallophyta, Cormophyta.* Zwischen den Stämmen seien keinerlei entwicklungsgeschichtliche Beziehungen zu erkennen. Eine derart vorsichtige Fassung läßt die rein phylogenetische Frage offen, ob sämtliche Pflanzenformen einer einzigen Urgestalt entstammen: monophyletische Abstammung, oder aus Urgestalten hervorgingen, die getrennt voneinander entstanden sind: polyphyletische Abstammung. Hirmer weist darauf hin, daß unsere Systeme immer noch zu sehr auf Morphogenie (oder Organogenie) gestellt sind, d. h. die historisch verfolgbare Entwicklungsgeschichte eines einzigen Organes und seiner Funktionen, wie z. B. der Fortpflanzungsweise, berücksichtigen. Unter der für die systematische Anordnung in Betracht kommenden Phylogenie versteht er die „historisch klar verfolgbare Richtung, in welcher sich eine Pflanzengruppe als Ganzes und mit allen ihren Organen bewegt". Auch Diels, Schellenberg und andere Forscher wünschen die „Systematik als Synthese der Gesamtbotanik" auf eine möglichst breite Grundlage zu stellen.

Eine besondere Schwierigkeit für die Systematiker, die auf Grund ihres ordnenden Prinzipes von den kleinsten Sippeneinheiten auszugehen pflegen, also von den Rassen oder Arten, besteht in der scharfen Umgrenzung dieser systematischen Einheiten. Eine allgemein gültige Bestimmung für den Begriff „Art" wie auch für alle übrigen Sippeneinheiten gibt es nicht. So mußte auch 1931 der 5. internationale Botanische Kongreß in Cambridge trotz zweier Sitzungen über diesen Gegenstand seine Bemühungen als aussichtslos aufgeben. In unserer Zeit des Messens und Wägens hat es sogar nicht an einem Versuch gefehlt, die Sippen mathematisch zu erfassen (Anderson und Abbe), allerdings mit dem unmöglichen Ergebnis, daß „die Indizes die Folge der vorher vorgenommenen systematischen Gruppierung" (Mattfeld) waren. Hier gilt immer noch der Ausspruch Linnés: „Nicht der Charakter (d. h. die zur Charakteristik benutzten Merkmale) macht die Gattung, sondern die Gattung den Charakter". Auch experimentell, — etwa auf Grund der Kreuzbarkeit, auf die man früher ausschließlichen Wert legte —, lassen sich die Verwandtschaftsgrenzen nicht ermitteln. So bestehen in der Gattung *Dianthus* (Nelken) Möglichkeiten der Kreuzung ganz unabhängig von der systematischen Verwandtschaft. Die Rassen von *Viola Kitaibeliana* bastardieren nur schwer untereinander, während sie mit Vertretern aus anderen Gruppen der Sammelart *Viola tricolor* (Stiefmütterchen) sich leicht kreuzen lassen. Die Umgrenzung einer Sippe (Rasse, Art, Gattung, Familie usw.) wird in ihrer letzten Schärfe immer dem subjektiven Empfinden des erfahrenen Systematikers überlassen bleiben müssen. Vielleicht kann hierzu die ganz allgemeine Begriffsbestimmung Ostenfelds am besten die Richtung andeuten: „Eine Art ist eine Gruppe von Individuen, die in allen Merkmalen, die wir für wesentlich halten, gleich sind, vorausgesetzt, daß diese Merkmale bei geschlechtlicher Fortpflanzung in der Nachkommenschaft erblich sind".

Für den Phylogenetiker, der die Arten, Rassen, Unterrassen usw. ständig sich aus dem Lebensstrom ausgliedern sieht, ist die Frage nach der Abgrenzung nicht nur unwichtig, sondern schließlich auch unmöglich. Der Paläontologe Neumayr sagte 1889: „Sowie man die Gesamtheit der Entwicklung ins Auge faßt, ist nichts vorhanden, was dem Speziesbegriff entspräche; dieser ist, sowie man mit einigermaßen vollständigem Material zu tun hat, in der Paläontologie unfindbar und unanwendbar und muß aus ihrem Bereiche verschwinden".

Der Phylogenetiker wird für seine Darstellungsweise des Pflanzenreiches die Erkenntnisse von den naturgewordenen Zusammenhängen wählen. Dabei muß er aber auf eine Reihe von ernstlichen Schwierigkeiten stoßen. Diese beziehen sich z. T. auf die Vorgänge, z. T. auf die Formen. Vorgänge der Formbildung können wir nur in der Gegenwart an den lebenden Pflanzen erkennen. Sind wir berechtigt, diese in verschwindend engen Zeiträumen gewonnenen Erkenntnisse ohne weiteres ins Riesenhafte zurückzuprojezieren, um damit die richtige Erklärung für die Vorgänge der Stammesentwicklung zu finden? Wie die große Entwicklungsgeschichte wirklich abgelaufen ist, wissen wir nicht. Zwei Meinungs-Gruppen streiten sich um das „Typenproblem".

Die Genetiker (z. B. Dobzhansky, Nachtsheim, Timoéeff-Ressowsky) übertragen die Erscheinungen der Mikrophylogenie (Mikroevolution) — Mutation, Selektion, Isolation — auf die makrophylogenetischen Vorgänge. Viele Paläontologen (z. B. Kuhn, Schindewolf) unterscheiden zwischen — abwechselnden — Phasen der Typenbildung (große Umwandlungsschritte) und der Ausgestaltung dieser Typen (Bildung von Rassen und Arten): „Zweiphasen-Hypothese", nämlich: Typogenese und Adaptiogenese (lat. *adaptare* = taugen). Weiter bleibt die Schwierigkeit, durch große Lücken getrennte geologisch überlieferte Formen richtig wiederzuverbinden. Wenn wir aber schon die Stammlinien nur mit einem gewissen Vorbehalt angeben können, dann wird es uns mangels genügender Funde noch viel schwerer fallen, zeitlich und räumlich die Ausgliederungsstellen für neue Formen festzustellen, oder, anders ausgedrückt, die Stamm- oder Wurzelformen für später getrennte Sippen zu ermitteln.

Als Vorgänge der Formbildung haben wir erkannt: die Mutation (S. 45) und die Kreuzung zu erblich konstanten (homozygoten) Kombinationen (S. 43). Umkombinationen sind aber erfahrungsgemäß nur zwischen Vertretern niederer Sippen (Rassen, Arten) möglich, also unter den letzten und jüngsten Ausgliederungen.

Stammesgeschichtlich alte Sippen höherer Ordnungen nehmen untereinander keine Querverbindungen durch Bastardierung auf. Die phylogenetische Darstellung des Gesamtpflanzenreiches kann dementsprechend nicht das Bild eines Netzes ergeben. Außerdem lehrt die Erfahrung, daß selbst zwischen nahen Verwandten eine Umkombination verhältnismäßig selten stattfindet. Somit hat die Ansicht von Lotsy wenig Wahrscheinlichkeit, nach der alle Sippen, ja sogar die Stämme durch Bastardierung entstanden sein sollen. Noch weiter geht der Japaner Hayata, der sämtliche Pflanzenformen als verschiedene Kombinationen eines gegebenen Ur-Gen-Bestandes ansieht: „Die jetzt existierenden Gene sind dieselben, die von ewiger Vergangenheit her vorhanden waren und die in unendliche Zukunft bleiben werden". Auf Grund von folgenden zwei Aufnahmen stellt er sein „Dynamisches System" auf: „Erstens, daß die Vorfahren ebenso zahlreich wie die gegenwärtigen Arten waren, und zweitens, daß sowohl die Vorfahren als auch die Abkömmlinge miteinander oder untereinander in einer netzartigen Beziehung standen und noch stehen". Diese Schlußfolgerungen zeigen zum mindesten wieder einmal die Gefährlichkeit der Extrapolationsmethode, die hier auf Grund bestimmter Erkenntnisse aus der Vererbungslehre angewandt wird. Die in der Phylogenetik schon an sich kritisch zu betrachtenden Wahrscheinlichkeitsbeweise lockern sich dann bis zur subjektiven Phantasie auf.

So bleibt als Vorgang der Neubildung in der Hauptsache die Mutation übrig, d. h. zunächst die Abspaltung einer neuen Form aus einer vorhandenen, was zu einer immer weiter fortschreitenden Verzweigung des Lebensstromes führt. Diese Annahme stimmt auch mit den Schlußfolgerungen aus den paläontologischen Überlieferungen am besten überein.

Zur Darstellungsweise für die Entwicklungsgeschichte des Pflanzenreiches eignet sich nach diesen Über-

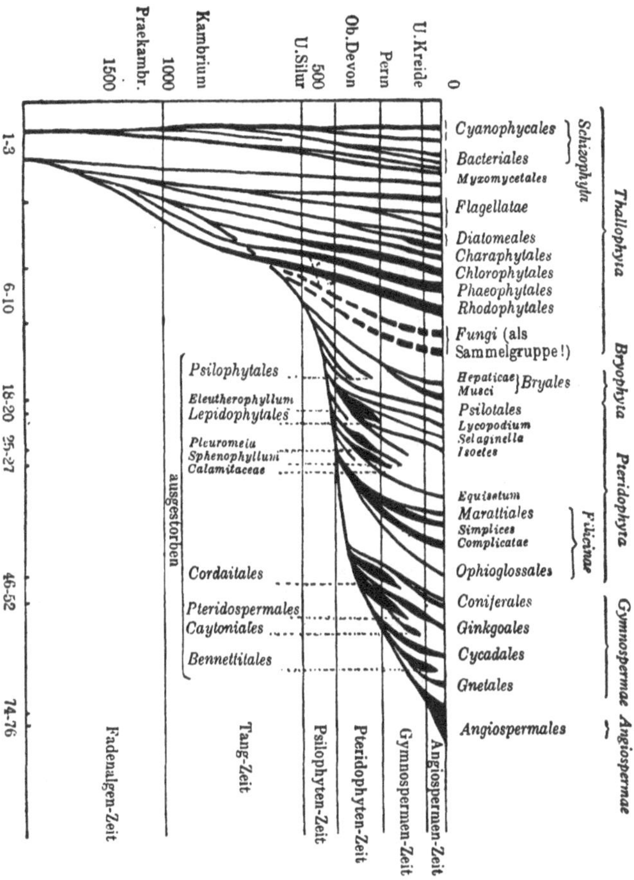

Abb. 93. Allgemeiner Stammbaum der Pflanzenwelt nach W. Zimmermann. (Nach Verständigung mit Prof. Zimmermann abgeändert; Namen der Pflanzengruppe eingetragen). Ordinate: Geologische Zeit (Jahrmillionen). Abszisse: Zahl der verschiedenen Zellsorten in den betreffenden Pflanzen. Vgl. Tabelle S. 48, in der allerdings die Zeiträume kürzer angesetzt sind.

legungen am besten die Form des Stammbaumes, oder wie Schellenberg und Winkler vorschlagen, des Stammstrauches, an dem die letzten Auszweigungen, die die niedersten Sippeneinheiten darstellen sollen, netzförmig miteinander verknüpft sein können. Daß wir heute nicht in der Lage sind und vermutlich auch nie in die Lage kommen werden, einen vollständigen und in allen Teilen richtigen Stammbaum als wirklichkeitsgetreues Abbild der gesamten Phylogenese entwerfen zu können, darf uns nicht davon abhalten, wenigstens einen grundsätzlich eingestellten Versuch zu unternehmen.

Den Stoff zu einem Gesamtentwurf liefert uns die Paläobotanik. Allerdings müssen wir von dieser Seite her stets auf neue Überraschungen gefaßt sein, die im allgemeinen zwiefacher Natur sind: Rückverlegung von Formen — und somit ihrer Entstehung — in ältere Zeitabschnitte; Entdeckung seither unbekannter Übergangsformen und -gruppen, die dann auf ihre Bedeutung als Wurzelformen zu prüfen sind. So beschreiben neuerdings Lang und Cookson die Reste einer psilophytenartigen Pflanze (*Yarravia*), die schon im Silur gelebt haben soll. Neben den Psilophyten muß aber schon damals der Bärlapptyp entwickelt gewesen sein, der uns in *Baragwanathia longifolia*, einer silurischen Pflanze mit Aktinostele und 4 cm langen Blättern, überliefert worden ist. Aus dem Oberkarbon des Donetzbeckens kennen wir Mittelformen zwischen den Schuppen- und Siegelbäumen: *Helenia* und *Heleniella*. Unsere Rotbuche (*Fagus silvatica*) erscheint bereits im Oberpliozän. Sie wird durch eine Übergangsform aus dem Unterpliozän mit *Fagus attenuata* des Untermiozäns verbunden.

Immerhin steht doch schon genügend Material zur Verfügung, um mit Hilfe der „statistisch-phylogenetischen Methode“ Zimmermanns — an Stelle der früheren stark subjektiv beeinflußten Versuche — eine „objektive Form für Stammbäume und ähnliche phylogenetische Darstellungen“ zu finden. Der hier wiedergegebene Pflan-

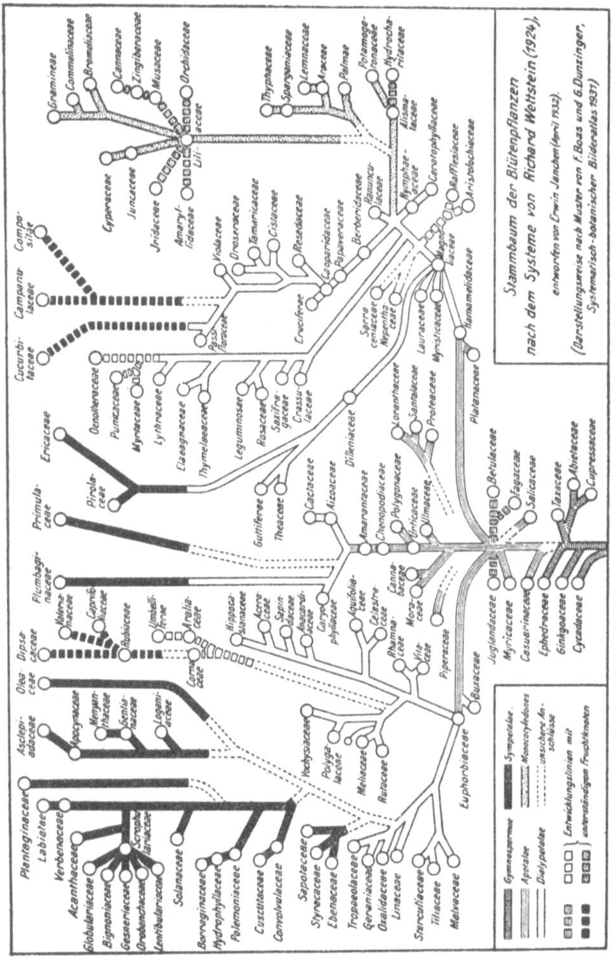

Abb. 94. Stammbaum der Blütenpflanzen.

zenstammbaum nach Zimmermann (Abb. 93) soll in großen Zügen den phylogenetischen Entwicklungsablauf in Gestalt einer graphischen Darstellung zeigen. Auf der Ordinate (Senkrechten) sind die erdgeschichtlichen Zeitfolgen aufgetragen, deren Längen sich durch verschiedene Methoden bestimmen lassen. Die Werte der Abszisse (Waagerechten) geben die Organisationshöhe an. Diese wurde aus der Anzahl der Zelltypen der Pflanzenformen ermittelt. Für die Blütenpflanzen ist hier der Stammbaumentwurf von E. Janchen wiedergegeben (Abb. 94). Nach den systematisch-phylogenetischen Anschauungen Richard Wettsteins kommen darin die drei „Übergangsreihen" der *Centrospermae, Tricoccae* und *Hamamelidales* klar zum Ausdruck. Ferner erscheinen die Sympetalen als Abkömmlinge der verschiedensten Zweige, also als polyphyletische Gruppen.

Schwierigkeiten bereiten für eine ausführlichere Darstellung die Sammelgruppen, d. h. jene von der älteren Wissenschaft für systematisch zusammengehörig gehaltene Formen und Gruppen, die infolge von Parallelentwicklung oder gar Konvergenz stammesgeschichtliche Verwandtschaft vortäuschen, in Wirklichkeit aber aus den verschiedensten Kreisen kommen.

Dazu gehören die Pilze (nachweisbar seit Devon), die Gymnospermen (seit Ober-Devon) und jedenfalls auch die Angiospermen (seit Unterkreide). „Die Abstammung der Angiospermen ist noch ein ungelöstes Problem" (Seward). Hagerup führt einen Teil der Monochlamydeen, — zu denen die Kätzchenblütler gehören —, über Gnetazeen (S. 112) auf den Wacholder-Typ zurück. Mägdefrau vermutet eine Abstammung der Ranalen, — zu denen die Hahnenfußgewächse zählen —, von den Pteridospermen (S. 97) über die Caytonialen (S. 102).

Sehr schlecht steht es auch — allerdings aus anderen Gründen — um die Kenntnis der Stammesentwicklungsgeschichte der Moose. Diese Pflanzen sind einerseits zu zart, um für die Erhaltung geeignete Überreste zu hinterlassen, andrerseits waren sie gegenüber den von nassem Schlamm umschlossenen Algen infolge ihres Lebensraumes Luft nicht genügend vor der Vermoderung geschützt. So haben wir wenig Kunde von ihrer Herkunft und ihrem Lebensweg. Erst seit kurzer Zeit wissen wir, daß auch schon in der Altzeit der Erdgeschichte Moose vorkamen: Lebermoose und Laubmoose im Oberkarbon. Während die Schichten aus der Erdmittelzeit dann reichlicher Reste von Lebermoosen enthalten, begegnen wir einer größeren Fülle von Laubmoosformen erst im Tertiär.

Zu der Ergründung der äußersten und jüngsten Verzweigungen an dem Stammstrauch des Pflanzenreiches stehen uns wesentlich bessere Hilfsmittel zur Verfügung. Zu dem rein morphologischen Vergleich, auf den die Paläobotanik angewiesen ist, kommen noch alle die physiologischen Vergleichsmöglichkeiten hinzu, von denen schon eingehend gesprochen wurde (S. 33). Weiter bietet die genetische Pflanzengeographie (S. 38) wertvolle Stützen. Mannigfaltigkeitszentren und Gebiete mit Übergangstypen zwischen Sippen höherer Ordnung (z. B. Gattungen) verraten uns durch Zwischenbildungen die Abzweigungsstellen vieler heutiger Formen (S. 39). Vikariierende Rassen und Arten sind meistens als jüngste Sprosse gemeinsamer Ahnen aufzufassen, während phylogenetisch schon länger getrennte Linien ihre Wohngebiete eher wieder überlagern, sich also nicht gegenseitig ausschließen. Geographische oder klimatische Isolation kann altertümliche Typen vor der Vermannigfaltigung bewahren. Die Mammutbäume (*Sequoia gigantea*) haben sich auf einem schmalen Küstengebiet Kaliforniens als Tertiär-Relikte erhalten. In Zentralchina (Szechwan) wurden — erst 1946 — lebende Bäume der nahe verwandten, aber nadelabwerfenden *Metasequoia glyptostroboides* entdeckt; seither waren nur Fossilreste von *Metasequoia* aus dem Tertiär der Nordhalbkugel bekannt.

Lavrenko zeigt, daß sich während der Eiszeit zwischen Karpathen und Altai sechs Zentren mit tertiärer Waldflora erhalten haben. Und der Bulgare Stojanoff sieht in einigen Endemiten der während des Diluviums wenig vergletscherten Balkanhalbinsel unmittelbare Ueberlieferungen aus der Tertiärzeit. Davon ist eine Traganth-Art, *Astragalus physocalix*, nur noch in einem einzigen und zwar kultivierten Stück lebend bekannt. Schwieriger wird bei den jüngsten Formen die stammesgeschichtliche Darstellung der konstanten Umkombinationen, der Sippen sekundärer Art, wie sie Baur genannt hat. Abgesehen davon, daß ihre Stammeltern oft nicht zur Genüge bekannt sind, verschleiern sie häufig die phylogenetischen Beziehungen durch ihren ungeheuren Formenreichtum, in den dann noch die Spaltungsformen der nicht konstanten Bastarde hineinspielen. Sehr groß ist z. B. der Formenkreis des Stiefmütterchens (*Viola tricolor*). Er scheint auf der Kombinationsfähigkeit der Gene der beiden Rassen *Viola arvensis* und *Viola tricolor s. str.* zu beruhen. Nach J. Claussen unterscheiden sich die beiden genannten *Viola*-Rassen durch 19 erbliche Eigenmerkmale, die zu 5 308 376 Eigenschaftskombinationen führen können. Neben solchen Kreuzungen können Parallelvariationen den Formenreichtum abermals vermehren, so daß viele Arten der alten Systematiker sich bei näherer Betrachtung als phylogenetisch kaum mehr entwirrbare polymorphe Formenkreise herausstellen. Die Enträtselung solcher polymorpher Sippen, mit der die Wissenschaft in der letzten Zeit schon begonnen hat, wird eine der vordringlichsten Zukunftsaufgaben für den genetisch arbeitenden Systematiker bleiben. Die daraus gewonnenen Erkenntnisse bedeuten für den Phylogenetiker einen weiteren Einblick in das verwickelte Abstammungsgeschehen und eine Mahnung gegen jeglichen Schematismus bei der Behandlung stammesgeschichtlicher Fragen.

Unser Überblick mag uns gezeigt haben, daß die Wissenschaft in der Ergründung der Entwicklungsgeschichte des Pflanzenreichs gerade in der neueren Zeit bedeutende Fortschritte zu verzeichnen hat. Aus der Behandlung der Fragen geht aber ebenso deutlich hervor, daß es zur weiteren Klärung noch sehr viele Probleme zu lösen gilt. Aus diesem Grunde muß zur Vorsicht gemahnt werden vor übereilten Darstellungen, die zwar durch ihre scheinbare Selbstverständlichkeit in geschmeichelter Abrundung dem Bedürfnis des interessierten Laien entgegenkommen, mit ehrlicher Wissenschaft aber nicht das geringste zu tun haben.

Quellennachweis zu den Abbildungen

Es bedeutet:

F aus „Aus der Heimat" (1934) nach Frentzen.
H aus Hirmer, Handbuch der Paläobotanik.
J aus „Österreichische Botanische Zeitschrift" (1932) nach Janchen.
K aus „Natur und Volk" (1936) nach Kräusel und Weyland.
Schi aus Schimper, Pflanzen-Geographie. 1. Aufl.
Schl aus Schlechtendal und Hallier, Flora von Deutschland. 5. Aufl.
U Urbilder.
W aus Wettstein, Handbuch der systematischen Botanik. 4. Aufl.
Wi aus „Natur und Museum" (1925) nach Wieland.
Z aus Zimmermann, Die Phylogenie der Pflanzen.

Abbildung:

1 Schl
2 bis 6 Schi.
7 bis 12 U (Aufn. Hans Heil aus Bot. Gart. Darmstadt).
13 bis 17 U (z. T. nach Eichlers Diagrammen).
18 u. 19 U (Aufn. Albrecht Heil).
20 u. 21 U (wie 7-12).
22 W
23 W (nach H. Stubbe)
24 u. 25 Z (nach Gruner)
26 Z (nach Walcott)
27 Z
28 Z (nach Oltmanns)
29 u. 30 K
31 Z
32 H (nach Penhallow)
33 Z (nach Kidston und Lang, wenig verändert)
34 H (nach Kidston u. Lang, wenig verändert)
35 Z (nach Kidston u. Lang, wenig verändert)
36 bis 38 K (wenig verändert)
39 K
40 Z (nach Kidston u. Lang)
41a K
41b Z
42 K (nach Dawson)
43 bis 45 Z
46 Z (nach Kidston u. Lang)
47 bis 50 Z
51 H (nach Kidston u. Lang)
52 u. 53 Z
54 u. 55 K
56 H (nach Kräusel u. Weyland)
57 Z (nach Kräusel u. Weyland)
58 bis 61 H
62a H (nach Ch. E. Weiß)
62b H (nach Potonié-Fischer)
62c H (nach Renier)
62d H (nach Koehne)
63 bis 65 H
66 F
67 H (nach Schimper)
68 F
69 H (nach Schimper)
70 Z (nach Hirmer, etwas verändert)
71 u. 72 H (nach Zeiller u. Renault)
73 W (nach Hirmer)
74 H (nach Zeiller u. Renault)
75 H
76 Z (nach Kidston)
77 H (nach Scott)
78 u. 79 Z
80 H (nach Benson)
81a W (nach Hirmer)
81b Z (nach Kidston u. Scott)
81c u. d Z (Oliver)
82 Z (nach Arber)
83 u. 84 W (nach Hirmer)
85 Z
86 Z (nach Scott)
87 W (nach Grand'Eury)
88 Z (nach Wieland)
89 Z
90 W (nach Williamson u. Hirmer)
91 W (nach Hirmer)
92 Wi
93 Z (nach brieflichen Angaben Prof. Zimmermanns verändert)
94 J

Schrifttum.

Baur, E., Einführung in die experimentelle Vererbungslehre. 7. bis 11. Aufl Berlin 1930.

Diels, L. A. Engler's Syllabus der Pflanzenfamilien, 11. ergänzte Auf. Berlin 1936.

Dobzhansky, Th., Die genetischen Grundlagen der Artbildung. Nach der englischen Ausgabe ins Deutsche übertragen von Dr. Witta Lerch: Berlin. Jena 1939.

Eichler A. W., Blütendiagramme. I. u. II. Leipzig 1875. 1878.

Faber, F. C. von. Pflanzengeographie auf physiologischer Grundlage von A. F. W. Schimper. 3., neubearbeitete u. wesentlich erweiterte Auflage. 2 Bände. Jena 1935.

Firbas, F., Spermatophyten. (Aus: Lehrbuch der Botanik für Hochschulen 20. Aufl. Jena 1939.)

Fortschritte der Botanik. Herausgegeben von Fritz von Wettstein Berlin. Seit 1932 (jährlich).

Gohlke, K., Die Brauchbarkeit der Serum-Diagnostik für den Nachweis zweifelhafter Verwandtschaftsverhältnisse im Pflanzenreiche. Stuttgart und Berlin 1913.

Gothan W, Paläobotanik. (Aus: Handwörterbuch der Naturwissenschatten. 2. Aufl. 7. Band. Jena 1932.)

Harder R. Thallophyten, Bryophyten, Pteridophyten. (Aus: Lehrbuch der Botanik für Hochschulen. Jena 1947.)

Heberer, G. Die Evolution der Organismen. Jena 1943.

Hirmer, M., Handbuch der Paläobotanik. Band I. München und Berlin. 1927.

Janchen, E., Entwurf eines Stammbaumes der Blütenpflanzen nach Richard Wettstein. (In: Österreichische Botanische Zeitschrift. Band LXXXI. Wien 1932.)

Kerner-Marilaun, F., Paläoklimatologie. Berlin 1930.

Kräusel, R., Deutsche Landschaft zur Devonzeit. (In: Natur und Volk. Senckenbergische Naturforschende Gesellschaft. Frankfurt a. M. 1936.)

Mägdefrau K. Paläobiologie der Pflanzen. Jena 1942.

Mez C., und H. Ziegenspeck Sero-diagnostischer (Koenigsberger) Stammbaum. 2., durch neue Untersuchungen ergänzte Aufl. 4 Bl. in imp. Fol. 1929.

Molisch, H. Pflanzenchemie und Pflanzenverwandtschaft. Jena 1933.

Potonié H., Lehrbuch der Paläobotanik. 2. Aufl., umgearbeitet von W. Gothan. Berlin 1921.

Reinig, W. F, Elimination und Selektion. Eine Untersuchung über Merkmalsprogressionen bei Tieren und Pflanzen auf genetisch- und historisch-chronologischer Grundlage. Jena 1938.

Reinöhl Fr., Pflanzenzüchtung. 2. Auflage Oehringen 1939.

Schnarf K., Embryologie der Angiospermen. (Aus: Handbuch der Pflanzenanatomie von Linsbauer. Band X. Berlin 1928/29.)

Schnarf. K., Embryologie der Gymnospermen. (Aus: Handbuch der Pflanzenanatomie von Linsbauer. Band X. Berlin 1934.)

Schußnig, B. Vergleichende Morphologie der niederen Pflanzen. Berlin 1938.

Solereder H., Systematische Anatomie der Dikotyledonen. 1899. Ergänzungsband 1908.

Solereder H. und Meyer, Fr. J., Systematische Anatomie der Monokotyledonen. Seit 1928.
Timoféeff-Ressovsky, N. W., Experimentelle Mutationsforschung in der Vererbungslehre. 1937
Tischler, G., Über die Verwendung der Chromosomenzahl für phylogenetische Probleme bei den Angiospermen. (In Biol. Zentralblatt. Bd. 48. 1928.)
Troll, W. Vergleichende Morphologie der höheren Pflanzen. Berlin. Seit 1938.
Wagner, G., Vom Gang des Lebens über die Erde. (In: Aus der Heimat. Naturwissenschaftliche Monatsschrift. Stuttgart 1938. 51. Jahrg.)
Wettstein, R., Handbuch der systematischen Botanik 4. Aufl., herausgeg. u. beendet von Fr. Wettstein. Leipzig u. Wien 1935.
Zeitschrift für induktive Abstammungs- und Vererbungslehre. Leipzig. Seit 1909.
Zimmermann W. Die Phylogenie der Pflanzen. Jena 1930. (Hierin sehr ausführliches Schriftenverzeichnis!)
Zimmermann W., Arbeitsmethode der botanischen Phylogenetik. (Aus Handbuch der biologischen Arbeitsmethoden von Abderhalden. Abt. IX. 1931.)

Aus der „Sammlung Göschen" können für einschlägige Fragen folgende Bändchen herangezogen werden:
Allgemeine Botanik: 742, 141, 818, 556, 591, 127
Systematische Botanik: 485, 736, 642, 574, 683, 393, 355, 718
Pflanzengeographie: 389
Paläobotanik: 828
Paläontologie und Abstammungslehre 460, 95
Paläoklimatologie 482

Sachverzeichnis.

1. Fachausdrücke

2. Pflanzennamen

SAMMLUNG GÖSCHEN

Lieferbare und neue Bände

Jeder Band DM 2.40

A. Geisteswissenschaften

Nr. 19 **Altheim, F., Römische Geschichte.** I. Teil: **Bis zur** Schlacht bei Pydna. 1948. 123 S.

Nr. 30 **Kleffner, W., Kartenkunde.** 3. Aufl. 1950. 152 S

Nr. 42 **Behn, F., Vorgeschichte Europas.** 7. Aufl. Mit 47 Abb. 1949. 125 S.

Nr. 59 **Krahe, H., Indogermanische Sprachwissenschaft.** 2. Aufl. 1948. 134 S.

Nr. 66 **Berneker, E., u. M. Vasmer, Russische Grammatik.** 6., unveränderte Aufl. 1947. 155 S.

Nr. 70 **Nestle, W., Geschichte der griechischen Literatur.** I. Von den Anfängen bis auf Alexander d. Gr. 2., verb. Aufl. Neudruck. 1950. 144 S.

Nr. 101 **Wiese, L. v., Soziologie.** Geschichte und Hauptprobleme. 4. Aufl. 1950. 148 S.

Nr. 125 **Vossler, K., Italienische Literaturgeschichte.** Unveränderter Nachdruck der 1927 erschienenen 4., durchges. und verbesserten Aufl. 1948. 148 S.

Nr. 200 **Gottschald, M., Rechtschreibungswörterbuch.** In Vorbereitung.

Nr. 238 **Krahe, H., Germanische Sprachwissenschaft.** Bd. I. 2. Aufl. 1948. 127 S.

Nr. 270 **Kirn, P., Einführung in die Geschichtswissenschaft.** 1947. 132 S.

Nr. 279 **Jacob, K., Quellenkunde der deutschen Geschichte im Mittelalter (bis zur Mitte des 15. Jahrh.).** I: Einleitung. Allgemeiner Teil. Die Zeit der Karolinger. 5. Aufl. 1949. 118 S.

Nr. 280 ——, II: Die Kaiserzeit (918—1250). 4. Aufl. 1949. 127 S.

Nr. 500 **Simmel, G., Hauptprobleme der Philosophie.** 7., unveränderte Aufl. 1950. In Vorbereitung.

Nr. 557 **Nestle, W., Geschichte der griechischen Literatur.** II. Von Alexander d. Gr. bis zum Ausgang der Antike. 2. verbesserte Aufl. 1945. 128 S.

Nr. 564 **Behn, F., Kultur der Urzeit.** Bd. I. Steinzeit. 3. Aufl. In Vorbereitung.

Nr. 565 — —, Bd. II. Bronzezeit. 4. Aufl. In Vorbereitung.

Nr. 566 — —. Bd. III. Eisenzeit. 4. Aufl. In Vorbereitung.

Nr. 573 **Helbok, A., Die Ortsnamen im Deutschen.** Durchgesehener Neudruck. Mit 6 Karten. 1944. 126 S.

Nr. 677 **Altheim, F., Römische Geschichte.** II. Teil: Bis zur Begründung des Prinzipats. 1948. 141 S.

Nr. 770 **Beckh, H., Buddhismus** (Buddha und seine Lehre). II. Die Lehre. 3. Aufl. 1928. 135 S.

Nr. 780 **Krahe, H., Germanische Sprachwissenschaft.** Bd. II. 2. Aufl. 1948. 140 S.

Nr. 781 **Weigert, H., Stilkunde.** II. Spätmittelalter. Neuzeit. Neudruck. Mit 84 Abb. 1944. 141 S.

Nr. 807 **Kropp, G., Erkenntnistheorie.** I. Allgemeine Grundlegung. 1950. 143 S.

Nr. 929 **Schirmer, A., Deutsche Wortkunde.** 3. Aufl. 1949. 109 S.

Nr. 1000 **Jaspers, K., Die geistige Situation der Zeit** (1931). Zweiter unveränderter Abdruck der im Sommer 1932 bearbeiteten 5. Aufl. 1949. 232 S.

Nr. 1008 **Mellerowicz, K., Allgemeine Betriebswirtschaftslehre.** 1. Bd. 6., unveränderte Aufl. 1948. 134 S.

Nr. 1031 **Apel, M., Philosophisches Wörterbuch.** 3. Aufl. In Vorbereitung.

Nr. 1034 **Kranefeldt, W. M., Therapeutische Psychologie.** Analytische Psychologie (Freud, Adler, Jung). 2 Aufl. 1950. In Vorbereitung.

Nr. 1045 **Schubert, H., Die Technik des Klavierspiels.** 2. Aufl. 1946. 132 S.

Nr. 1065 **Haller, J., Von den Karolingern zu den Staufern.** Die altdeutsche Kaiserzeit (900—1250). Mit 4 Karten. 3. Aufl. 1944. 141 S.

Nr. 1085 **Lietzmann, H., Zeitrechnung der römischen Kaiserzeit, des Mittelalters und der Neuzeit für die Jahre 1—2000 n. Chr.** Neudruck. 1946. 127 S.

Nr. 1086 **Müller, G., Deutsches Dichten und Denken vom Mittelalter zur Neuzeit** (1270—1700). 2. Aufl. 1949. 159 S.

Nr. 1094 **Hernried, R., Systematische Modulation.** 2. Aufl. In Vorbereitung.

Nr. 1096 **Viëtor, K., Deutsches Dichten und Denken. Von der Aufklärung bis zum Realismus** (1700—1890). 2. Aufl. 1949. 156 S.

Nr. 1115 **Ranke, F., Altnordisches Elementarbuch.** Neudruck. 1949. 146 S.

Nr. 1116 **Meißner, P., Englische Literaturgeschichte. II.** Von der Renaissance bis zur Aufklärung. Durchgesehener Neudruck. 1944. 139 S.

Nr. 1117 **Haller, J., Der Eintritt der Germanen in die Geschichte.** Mit sechs Kartenskizzen. 2., verbess. Aufl. 1944. 119 S.

Nr. 1122 **Feist, H., Sprechen und Sprachpflege.** Mit 25 Abb. 1938. 107 S.

Nr. 1124 **Meißner, P., Englische Literaturgeschichte. III.** Romantik und Victorianismus. Durchgesehener Neudruck. 1944. 150 S.

Nr. 1125 **Lehnert, M., Altenglisches Elementarbuch.** 2., verbesserte und vermehrte Aufl. 1950. 176 S.

Nr. 1130 **Dibelius, M., Jesus.** 2. Aufl. Neudruck. 1949. 141 S.

Nr. 1135 **Lehnert, M., Beowulf.** 2., verbesserte Aufl. 1949. 135 S.

Nr. 1136 **Meißner, P., Englische Literaturgeschichte. IV.** Das 20. Jahrhundert. Durchgesehener Neudruck. 1944. 157 S.

Nr. 1148 **Pepping, E., Der Polyphone Satz. I. Der cantusfirmus Satz.** 2. Aufl. 1950. 224 S.

Nr. 1149 **Wiesner, J., Vor- und Frühzeit der Mittelmeerländer.** I. Das östliche Mittelmeer. Mit einer Textabb. und 7 Tafeln. 1943. 177 S.

Nr. 1150 ——, II. Das westliche Mittelmeer. Mit 3 Textabb. und 7 Tafeln. 1943. 129 S.

Nr. 1153 **Mellerowicz, K., Allgemeine Betriebswirtschaftslehre.** 2. Bd. 6. unveränderte Aufl. 1948. 123 S.

Nr. 1154 ——, 3. Bd. 6. unveränderte Aufl. 1948. 153 S.

B. Naturwissenschaften und Technik

Nr. 3 **Ende, E. vom, Die Maschinenelemente.** 2., verbesserte Aufl. Mit 175 Fig. und 12 Tafeln. 1950. In Vorbereitung.

Nr. 29 **Brauns, R., u. K. F. Chudoba, Mineralogie.** 8., neubearbeitete Aufl. Mit 125 Textfiguren und 9 Abb. auf einer Tafel. 1943. 143 S.

Nr. 37 **Klemm, W., Anorganische Chemie.** 6. Aufl. Mit 18 Abb. 1944. 184 S.

Nr. 38 **Schlenk, W., Organische Chemie.** 5. Aufl. Mit 17 Fig. 1949. 239 S.

Nr. 47 **Fischer, P. B., Arithmetik.** 2. Aufl. 1948. 152 S.

Nr. 51 **Ringleb, F., Mathematische Formelsammlung.** 5., verbesserte Aufl. Mit 57 Fig. 1949. 274 S.

Nr. 71 **Schulze, W., Allgemeine und physikalische Chemie.** I. Teil. 3., durchgesehene Aufl. Mit 22 Fig. 1949. 146 S.

Nr. 87 **Witting, A., Differentialrechnung.** 3., neubearb. Aufl. Mit 95 Fig. und 200 Beispielen. Durchgesehener Neudruck. 1949. 201 S.

Nr. 88 **—, Integralrechnung.** 2., verbesserte Aufl. Durchgesehener Neudruck. Mit 62 Fig. und 190 Beispielen. 1949. 176 S.

Nr. 136 **Mahler, G., Physikalische Formelsammlung.** 8., verbess. Aufl. 1950. 153 S. In Vorbereitung.

Nr. 142 **Haussner, R., Darstellende Geometrie.** 1. Teil: Elemente, Ebenflächige Gebilde. 6., unveränderte Aufl. Mit 110 Fig. im Text. 1947. 207 S.

Nr. 143 — —, 2. Teil: Perspektive ebener Gebilde, Kegelschnitte. 5,. unveränderte Aufl. Mit 88 Fig. im Text. 1947. 168 S.

Nr. 146 **Witting, A., Repetitorium und Aufgabensammlung zur Differentialrechnung.** 2. Aufl. Neudruck. 1949. 122 S.

Nr. 147 **—, Repetitorium und Aufgabensammlung zur Integralrechnung.** 2. Aufl. Neudruck. 1949. 121 S.

Nr. 173 **Bruhns, W., u. P. Ramdohr, Petrographie.** 3., durchgesehene Aufl. Mit 10 Figuren. 1949. 117 S.

Nr. 180 **Böhm, F., Versicherungsmathematik.** I. Elemente der Versicherungsrechnung. 2., vermehrte und verbesserte Aufl. Durchgesehener Neudruck. 1946. 151 S.

Nr. 210 **Bruhns, W., u. P. Ramdohr, Kristallographie.** 4. Aufl. In Vorbereitung.

Nr. 221 **Jander, G., u. K. F. Jahr, Maßanalyse.** Theorie und Praxis der klassischen und der elektrochemischen Titrierverfahren. Bd. I. 5. Aufl. Mit 18 Fig. 1948. 140 S.

Nr. 222 **Hassak-Beutel, Warenkunde.** 7. Aufl. Neubearb. von A. Kutzelnigg. Bd. I: Anorganische Waren sowie Kohle und Erdöl. Mit 19 Fig. 1947. 116 S.

Nr. 223 — —, Bd. II: Organische Waren. Mit 32 Fig. 1949. 143 S.

Nr. 247 **Hoppe, J., Analytische Chemie I.** Reaktionen. 5., verb. Aufl. 1950. 135 S.

Nr. 248 — —, **II.** Gang der qualitativen Analyse. 5., verbess. Aufl. 1950. 168 S.

Nr. 252 **Daßler, A., Elektrochemie I.** Mit 21 Abb. 1950. In Vorbereitung.

Nr. 253 — —, **II.** Mit 17 Abb. 1950. In Vorbereitung.

Nr. 256 **Haussner, R., Sammlung von Aufgaben und Beispielen zur analytischen Geometrie der Ebene.** Mit 22 Fig. Neudruck. 1949. 139 S.

Nr. 257 **Humburg, K., Die Gleichstrommaschine I.** Durchgesehener Neudruck. Mit 59 Abb. 1949. 102 S.

Nr. 342 **Körting, J., u. W. Körting, Heizung und Lüftung.** I. Das Wesen u. die Berechnung der Heizungs- u. Lüftungsanlagen. 8., verbess. Aufl. Mit 29 Abb. u. 14 Zahlentafeln. 1950. In Vorbereitung.

Nr. 343 — —, II. Die Ausführung der Heizungs- u. Lüftungsanlagen. 7. neubearb. Aufl. Mit 141 Abb. u. 8 Zahlentafeln. 1944. 126 S.

Nr. 354 **Valentiner, S., Vektoranalysis.** 7., wesentl. veränderte Aufl. Mit 19 Fig. 1950. In Vorbereitung.

Nr. 389 **Diels, L., Pflanzengeographie.** 4., verb. Aufl. Mit 1 Karte. 1945. 167 S.

Nr. 405 **Werkmeister, P., Praktisches Zahlenrechnen.** 4. Aufl. Mit 60 Fig. 1950. 136 S. In Vorbereitung.

Nr. 423 **Adler, A., Fünfstellige Logarithmen.** Mit mehreren graphischen Rechentafeln und häufig vorkommenden Zahlwerten. 2. Aufl. Neudruck. 1 Tafel. 1949. 127 S.

Nr. 432 **Borchers, H., Metallkunde.** I. Aufbau der Metalle und Legierungen. Mit 2 Tab. und 90 Abb. 2. Aufl. 1950. 110 S.

Nr. 445 **Asmus, E., Physikalisch-Chemische Rechenaufgaben.** 2. Aufl. 1949. 96 S.

Nr. 468 **Werkmeister, P., Vermessungskunde.** I. Stückmessung u. Nivellieren. 9. Aufl. Mit 145 Figuren. 1949. 172 S.

Nr. 469 — —, II. Messung von Horizontalwinkeln. Festlegung von Punkten im Koordinatensystem. Absteckungen. 7. Aufl. Mit 63 Fig. 1949. 151 S.

Nr. 483 **Henglein, M., Lötrohrprobierkunde.** Mineraldiagnose mit Lötrohr und Tüpfelreaktion. 3., verb. Aufl. Mit 11 Fig. 1949. 91 S.

Nr. 585 **Dehnert, H., Verkehrswasserbau I:** Entwurfsgrundlagen. Flußregelungen. Mit 52 Textabb. 1950. 102 S.

Nr. 589 **Tochtermann, W., Das Maschinenzeichnen mit Einführung in das Konstruieren.** I: Das Maschinenzeichnen. 4. Aufl. Mit 77 Tafeln. 1950. 156 S. In Vorbereitung.

Nr. 590 — —, II: Ausgeführte Konstruktionsbeispiele. 4. Aufl. Mit 58 Tafeln. 1950. 130 S. In Vorbereitung.

Nr. 597 **Dehnert, H., Verkehrswasserbau II:** Flußkanalisierungen u. Schiffahrtskanäle. Mit 60 Textabb. 1950. 92 S.

Nr. 668 **Knopp, K., Funktionentheorie I:** Grundlagen der allgemeinen Theorie der analytischen Funktionen. Mit 8 Fig. 7. Aufl. 1949. 139 S.

Nr. 691 **Fauser, O., Kulturtechnische Bodenverbesserungen.** I.: Allgemeines, Entwässerung. 4., neubearbeitete Aufl. 1947. 122 S.

Nr. 692 — —, II.: Bewässerung, Ödlandkultur, Umlegung. 4., neubearb. Aufl. 1948. 150 S.

Nr. 698 **Schulze, W., Allgemeine und physikalische Chemie,** II. Teil. 3., durchges. Aufl. Mit 36 Fig. 1949. 160 S.

Nr. 703 **Knopp, K., Funktionentheorie II.** Anwendungen und Weiterführung der allgemeinen Theorie. Mit 7 Fig. 7. Aufl. 1949. 130 S.

Nr. 711 **Kesselring, F., Theoretische Grundlagen zur Berechnung der Schaltgeräte.** 3. Aufl. Mit 92 Abb. 1950. 143 S. In Vorbereitung.

Nr. 718 **Neger, W. u E. Münch, Die Laubhölzer.** 3., durchges. Aufl., herausgegeben von B. Huber. Mit 63 Fig. u. 7 Tab. 1950. 142 S. In Vorbereitung.

Nr. 768 **Bieberbach, L., Einführung in die konforme Abbildung.** 4. Aufl. Mit 42 Zeichnungen. 1949. 147 S.

Nr. 837 **Baumgartner, L., Gruppentheorie.** 2. Aufl. Mit 6 Fig. 1949. 115 S.

Nr. 862 **Werkmeister, P., Vermessungskunde.** III. Trigonometrische und barometrische Höhenmessung. Tachymetrie und Topographie. 6. Aufl. Mit 64 Fig. 1949. 147 S.

Nr. 877 **Knopp, K., Aufgabensammlung zur Funktionentheorie.** I. Aufgaben zur elementaren Funktionentheorie. 4. Aufl. 1949. 135 S.

Nr. 878 — —, II. Aufgaben zur höheren Funktionentheorie. 4. Aufl. 1949. 151 S.

Nr. 881 **Humburg, K., Die Gleichstrommaschine II.** Mit 38 Abb. Durchgesehener Neudruck. 1949. 98 S.

Nr. 931 **Hasse, H., Höhere Algebra** I. Lineare Gleichungen. 3. Aufl. 1950. 160 S. In Vorbereitung.

Nr. 932 — —, II. Gleichungen höheren Grades. 3. Aufl. Mit 5 Fig. 1950. 158 S. In Vorbereitung.

Nr. 952 **Schäfer, W., Transformatoren.** 2. Aufl. Mit 74 Abb. 1949. 128 S.

Nr. 972 **Herter, K., Vergleichende Physiologie der Tiere I:** Stoff- und Energiewechsel. 3. Aufl. Mit 64 Abb. 1950. 155 S

Nr. 973 — —, II.: Bewegung und Reizerscheinungen. 3. Aufl. Mit 110 Abb. 1950. 148 S

Nr. 984 **Graf, O., Die wichtigsten Baustoffe des Hoch- u. Tiefbaues.** 3., verb Aufl. Mit 58 Abb. 1947. 126 S.

Nr. 999 **Kamke, E., Mengenlehre.** 2., durchges. Aufl. Mit 6 Fig. 1947. 160 S.

Nr. 1002 **Jander, G., u d K. F. Jahr, Maßanalyse.** Theorie und Praxis der klassischen und der elektrochemischen Titrierverfahren. Band 2. 5. Aufl. Mit 24 Fig. 1948. 139 S.

Nr. 1057 **Roth, W. A., Thermochemie.** 2., verbess. Aufl. 1947. 109 S

Nr. 1070 **Sauter, F., Differentialgleichungen der Physik.** 2. Aufl. Mit 16 Fig. 1950. 148 S

Nr. 1082 **Hasse, H., Aufgabensammlung zur höheren Algebra.** 2. Aufl. 1950. In Vorbereitung.

Nr. 1084 **Nußelt, W., Technische Thermodynamik.** I.: Grundlagen. 3., verbess. Aufl. Mit 71 Abb. 1950. 144 S. In Vorbereitung.

Nr. 1092 **Wickop, W., Fenster, Türen, Tore aus Holz und Eisen.** 3., überarbeitete und ergänzte Aufl. Mit 96 Abb. 1949. 154 S.

Nr. 1109 **Knopp, K., Elemente der Funktionentheorie.** 3. Aufl. Mit 23 Fig. 1949. 144 S.

Nr. 1110 **Schulz, G., Formelsammlung zur praktischen Mathematik.** Durchgesehener Neudruck. Mit 10 Abb. 1945. 147 S.

Nr. 1127 **Hartmann, M., Geschlecht und Geschlechtsbestimmung im Tier- und Pflanzenreich.** 2. Aufl. Mit 62 Abb. 1950. In Vorbereitung.

Nr. 1128 **Buchner, P., Symbiose der Tiere mit pflanzlichen Mikroorganismen.** 2., verb. u. vermehrte Aufl. Mit 121 Abb. 1949. 130 S.

Nr. 1131 **Scholz, A., Einführung in die Zahlentheorie.** Neudruck. 1945. 136 S.

Nr. 1132 **Frühauf, G., Überspannungen und Überspannungsschutz.** Neudruck. Mit 98 Abb. 1950. 122 S.

Nr. 1134 **Kuckuck, H., Pflanzenzüchtung.** 2., durchges. Aufl. Mit 12 Abb. 1944. 125 S.

Nr. 1137 **Heil, H., Entwicklungsgeschichte des Pflanzenreiches.** 2. Aufl. Mit 94 Abb. 1950. In Vorbereitung.

Nr. 1138 **Hämmerling, J., Fortpflanzung im Tier- und Pflanzenreich.** 2., ergänzte Aufl. Mit 101 Abb. 1950. 135 S. In Vorbereitung.

Nr. 1141 **Koller, G., Hormone.** 2. Aufl. Mit 60 Abb. u. 19 Tab. 1949. 187 S.

Nr. 1146 **Humburg, K., Die synchrone Maschine.** Mit 79 Bildern. 1949. 109 S.

Nr. 1151 **Nußelt, W., Technische Thermodynamik. II.:** Theorie der Wärmekraftmaschinen. Neudruck. Mit 87 Abb. u. 32 Zahlentafeln. 1950. 144 S. In Vorbereitung.

Nr. 1152 **Dehnert, H., Verkehrswasserbau III:** Schleusen und Hebewerke. Mit 70 Textabb. 1950. 98 S.

Nr. 1155 **Schwartz, W., Grundriß der allgemeinen Mikrobiologie.** Band I. Mit 17 Abb. 1949. 104 S.

Nr. 1156 **Meinke, H.-H., Die komplexe Berechnung von Wechselstromschaltungen.** Mit 114 Abb. 1949. 160 S.

Nr. 1157 **Schwartz, W., Grundriß der allgemeinen Mikrobiologie.** Band II. Mit 12 Abb. 1949. 93 S.

Walter de Gruyter & Co., Berlin W 35

(386) MDV, Druckerei Luckenwalde 121. 120 000. 3. 50.

FSC
www.fsc.org
MIX
Papier | Fördert gute Waldnutzung
FSC® C083411

Kolibri 360 GmbH
Ferdinand-Jühlke-Straße 7
99095 Erfurt, Deutschland
produktsicherheit@kolibri360.de